黄粉虫饲养箱

黄粉虫饲养房

黄粉虫成虫

黄粉虫虫油

黄粉虫虫油提取

黄粉虫微波干燥

黄粉虫干虫

"十三五"国家重点图书出版规划项目
改革发展项目库2017年入库项目

"金土地"新农村书系·**特种养殖编**

黄粉虫
生态养殖技术

杨菲菲　李顺才　吉志新 / 编著

SPM 南方出版传媒
广东科技出版社 | 全国优秀出版社
·广 州·

图书在版编目（CIP）数据

黄粉虫生态养殖技术 / 杨菲菲，李顺才，吉志新编著 . —广州：广东科技出版社，2018.6

（"金土地"新农村书系·特种养殖编）

ISBN 978-7-5359-6855-5

Ⅰ . ①黄…　Ⅱ . ①杨…②李…③吉…　Ⅲ . ①黄粉甲—养殖
Ⅳ . ① S899.9

中国版本图书馆 CIP 数据核字（2018）第 017417 号

黄粉虫生态养殖技术
Huangfenchong Shengtai Yangzhi Jishu

责任编辑：尉义明
封面设计：柳国雄
责任校对：吴丽霞
责任印制：彭海波
出版发行：广东科技出版社
　　　　　（广州市环市东路水荫路 11 号　邮政编码：510075）
http：//www.gdstp.com.cn
E-mail：gdkjyxb@gdstp.com.cn（营销）
E-mail：gdkjzbb@gdstp.com.cn（编务室）
经　　销：广东新华发行集团股份有限公司
排　　版：创溢文化
印　　刷：珠海市鹏腾宇印务有限公司
　　　　　（珠海市拱北桂花北路 205 号桂花工业区 1 栋首层　邮政编码：519020）
规　　格：889mm×1 194mm　1/32　印张4.5　插页1　字数120 千
版　　次：2018 年 6 月第 1 版
　　　　　2018 年 6 月第 1 次印刷
定　　价：15.00 元

如发现因印装质量问题影响阅读，请与承印厂联系调换。

内容简介

Neirongjianjie

　　本书共八部分，系统介绍了黄粉虫的生态养殖与开发利用技术，包括：第一部分概述，第二部分黄粉虫的生物学特性，第三部分黄粉虫养殖场地的选择与常用设备，第四部分黄粉虫的人工繁殖技术，第五部分黄粉虫的营养与饲料，第六部分黄粉虫的饲养管理技术，第七部分黄粉虫的病虫害防治，第八部分黄粉虫的贮存、运输与加工利用。本书内容翔实，实用性强，适合准备或正在养殖黄粉虫的广大农户和技术人员参考使用。

　　农业产业化进程的加快和农业产业结构调整强度的加强，迫使我们打破传统观念，不断开拓新生资源，走向可持续发展的必由之路，使有限的资源得到再生利用、循环利用，使传统的"单向单环式"资源利用方式向"单向多环式""多向多环式""循环利用式"转变，使增加农民收入、促进农村经济发展的新途径像雨后春笋般涌现出来。昆虫养殖与加工利用业即是其中最具生命力的新兴行业之一。昆虫资源产业链和产业网已初见端倪，昆虫资源产业正在以前所未有的速度向深度和广度不断拓展，全国各地涌现出了一大批昆虫养殖专业户，并带动相关产业的发展。现代科学技术手段赋予昆虫资源产业化开发以强劲的生命力，昆虫资源正以传统养殖业为基础，以生物技术为先导，进行着全方位、多层次的研究、开发和利用。

　　黄粉虫，又名黄粉甲、面包虫、高蛋白虫、大黄粉虫等，其食性杂、繁殖量大，对温度、湿度及环境的适应能力强，特别适宜人工饲养，人工养殖开发历史已达100余年。国内对黄粉虫资源开发利用的探索经历了小规模散养和工厂化生产、加工、利用两个阶段，目前正向深加工、广应用阶段发展。在我国，黄粉虫于20世纪50年代由北京动物园从苏联引进驯养，当时养殖黄粉虫主要用作珍禽及药用动物的活体饲料，并用于科研教学。20世纪70年代，黄粉虫人工养殖逐渐得到较大规模的发展。20世纪80年代后，随着特种经济动物养殖业的发展，黄粉虫作为活体饲料，进一步得到社会的重视。农业部将"黄粉虫工厂化生产技术的示范推广"列入2001年的农牧渔业丰收计划，国家计划委员会将"黄粉虫产业化推进"列入了2000年高技术产业化推进项目。

目前，黄粉虫的产业化开发利用发展很快，农业部已将昆虫饲料列为被推荐的10种节粮型饲料资源之一，我国每年都有一定数量的黄粉虫干品出口，全国各地均出现了饲养黄粉虫的热潮。在黄粉虫产业迅速发展过程中，许多养殖户遇到了一些问题，为了使我国的黄粉虫产业在21世纪更快更稳地向前发展，我们在多年教学、科研和生产实践的基础上，参考了大量的文献和资料，编撰了本书。编撰过程中力求做到文字通俗易懂，内容系统科学，技术实用高效，希望广大读者通过阅读本书，应用书中介绍的技术和方法能够提高黄粉虫的生产效率，获得更大的经济效益。

本书在编写过程中得到许多同仁的关心和支持，并且在书中引用了一些专家学者的研究成果和相关书刊资料，在此一并表示感谢。在编撰过程中，虽经多次修改和校正，但由于作者水平有限，时间紧迫，不当和错漏之处在所难免，诚望专家、读者提出宝贵意见。

目录

一、概　　述

黄粉虫 *Tenebrio molitor* Linnaeus，在动物分类学上属于昆虫纲，鞘翅目，拟步甲科，粉甲属。黄粉虫的幼虫呈棕黄色，喜食面粉，故称之为黄粉虫，也有人认为，因为其在国外作为面包添加剂而得名为面包虫。黄粉虫在自然界中分布很广，世界各地均有分布，在我国长江以北大部分地区均有分布。黄粉虫原属于世界性仓储害虫，多生存于粮食仓库、中药材仓库及各种农副产品仓库中，以仓库中的粮食、中药材及各种农副产品为食，曾经在黄河流域发生量较大。近年来，随着仓储害虫防治技术的进步，在黄粉虫原发地区规范化的粮仓内已经很少发生黄粉虫危害。黄粉虫食性杂、繁殖量大，对温度、湿度及环境的适应能力强，特别适宜人工饲养。19世纪初就有人开始养殖、利用黄粉虫，近50年来已发展成为新兴的特种经济动物。

（一）黄粉虫的经济价值

黄粉虫是一种重要的食用、饲用资源昆虫，历经百余年的人工饲养与开发，社会认知度得到了极大提高，黄粉虫饲养开发热潮逐渐形成。有专家预言，黄粉虫饲养将会成为继桑蚕、蜜蜂等传统昆虫产业之后的又一个重要的经济昆虫产业。

1. 黄粉虫的饲用价值

黄粉虫作为饲料在历史上是十分成功的，特别是近几十年来，人们将黄粉虫作为观赏鸟、观赏鱼、蝎子、蜈蚣、蛤蚧、蛇、鳖、娃娃鱼、牛蛙、林蛙等经济动物的饲料昆虫。实践表明，以黄粉虫为饲料饲养经济动物，具有经济动物生长快、成活率高、抗病力强、繁殖力高等优点。如用黄粉虫配合饲料喂幼禽，其成活率可达95%；用黄粉虫喂产蛋鸡，其产蛋量可提高20%；用黄粉虫喂养全蝎等野生药用动物，其繁殖率提高 2 倍。目前，黄粉虫已成为经济动物的蛋白饲料的支柱之一，其市场已经初具规模。

2. 黄粉虫的食用价值

黄粉虫是一种高蛋白、高脂肪、营养价值较高的经济昆虫。分析测试结果表明，生长期幼虫、越冬期幼虫、蛹、成虫的粗蛋白质含量分别为 47%~55%、35%~45%、55%~59%、63%~65%，其蛋白质氨基酸种类齐全，共含有 17 种氨基酸，包括人体 7 种必需氨基酸，必需氨基酸比值接近联合国粮农组织和世界卫生组织规定的人体所需氨基酸的理想比值，与其他含有优质蛋白的大豆、瘦猪肉、鸡肉、瘦牛肉等相比毫不逊色。生长期幼虫、越冬期幼虫、蛹、成虫的粗脂肪含量分别为 27%~30%、36%~47%、36%、31%，其不饱和脂肪酸和脂肪酸的比值为 0.9，接近人类膳食要求的 1.0，且造成胆固醇增加的肉豆蔻酸含量较低，因此黄粉虫脂肪是较理想的食用脂肪。目前，将黄粉虫用作食品主要有三个途径：一是直接用黄粉虫幼虫、蛹烹制成各种菜肴或膨化加工成小食品等；二是利用其蛋白质、脂肪等主要营养物质加工成全脂虫浆粉、虫粉冲剂、蛋白饮料、虫蛹酒等；三是将黄粉虫干燥粉碎后作为食品添加剂，添加到面包、馒头、糕点等食品中，生产功能性食品。

3. 黄粉虫的保健价值

随着昆虫蛋白质、脂肪及生物多糖（几丁质及其衍生物）提取、加工技术的不断完善，黄粉虫资源的用途范围也进一步扩大。黄粉虫不仅含有丰富的优质蛋白和脂肪，而且含有较多的维生素 E、微量元素和亚油酸，长期食用黄粉虫产品，不仅能够保证营养均衡，而且还能够降低胆固醇和三酰甘油，增强记忆力，增强人体的抗病和抗衰老能力。近年来，黄粉虫食疗保健品和化妆品的研发异常活跃，已研制出蛋白胶囊、氨基酸口服液、化妆品油脂等产品，从黄粉虫中分离提取营养素、维生素、干扰素、几丁质、天然激素等生物活性物质也受到了关注。

4. 其他价值

黄粉虫也可用于生物科学研究、生物教学中，如作为昆虫生理生化、生物解剖及生物学、生态学等方面的试验材料，是农药药效检测与毒性试验的良好材料。另外，虫粪可作高效生物有机肥、诱食剂、高效花肥等。

（二）黄粉虫的开发利用现状

1. 国外对黄粉虫开发利用的现状

据考证，19 世纪初就有关于养殖和利用黄粉虫的记录，至今黄粉虫的开发利用已有 100 余年的历史。最初黄粉虫在著名动物园都用作繁殖名贵珍禽、水产动物的动物性饲料之一。目前，国外许多国家都在开展黄粉虫资源开发利用工作，有的还设立了专门机构，进行深入的研究。如法国、德国、俄罗斯和日本等先后开展对黄粉虫资源的研究与利用，研究内容包括人工饲料、人工养殖生产技术、食用、药用及保健功能的探索等。特别是近年来研究发现，黄粉虫蛋白质不仅是优质食用蛋白质，还可以作为寒冷地区饮料、药品、车用水箱及工业用防冻液和抗结冰剂。以黄粉虫为原料，将黄粉虫资源物质分离纯化，提取干扰素、甲壳素等生化活性物质，可研制成各种生化制品，如以几丁质（甲壳素、壳聚糖）为原料的产品——果蔬增产催熟剂、美容化妆品、保健品等。以黄粉虫为原料制作药品和保健品。目前，黄粉虫在国外主要用于宠物犬、宠物猫、观赏鸟、观赏鱼等的饲料。

2. 国内对黄粉虫开发利用的现状

国内对黄粉虫资源开发利用的探索经历了小规模散养和工厂化生产、加工、利用两个阶段，目前正向深加工、广应用阶段发展。近年来，各地学者对黄粉虫的食用保健价值研究较多，餐饮系统、宾馆、饭店也逐渐将黄粉虫搬上了餐桌，并逐渐被消费者所接受。有关学者在研究利用黄粉虫提取几丁质、几丁聚糖、抗菌肽以及昆虫蛋白、油脂开发等方面进行了大量研究。目前，黄粉虫的产业化开发利用发展很快，黄粉虫的养殖已经遍及全国。

（三）黄粉虫的开发利用前景

黄粉虫资源的开发利用将逐渐向规模化、专业化、标准化和综合利用、深加工化方向发展。通过有效推进黄粉虫资源的产业化进程，以大专院校、科研单位及相关开发机构为依托，以关于黄粉虫养殖与开发研究的一系列成果为基础，以农业产业结构调整为契机，结合着社会主义新农村建设的大好形势，一个崭新的黄粉虫产业正在蓬勃兴起。

二、黄粉虫的生物学特性

（一）黄粉虫的外部形态

黄粉虫属于全变态昆虫，其整个生活史（指一个生长周期）分为卵、幼虫、蛹、成虫四个阶段（图1）。

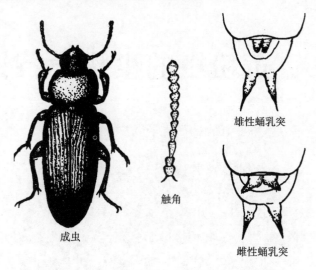

雄性蛹乳突

触角

成虫

雌性蛹乳突

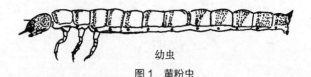

幼虫

图1　黄粉虫

1. 卵

黄粉虫的卵（图2）很小，长圆形，乳白色，长1~1.5毫米，直径为0.3~0.5毫米。卵外面有卵壳，比较薄，起保护作用。卵壳外被有黏液，可黏合食物、粪便等杂物覆盖，起保护作用。卵一般由成虫产成一直线，也有呈圆圈状排列的，最终集成卵块，少量散产于饲料中（图3）。卵的孵化因温度、湿度条件的不同而发生很大变化，在温度10~35℃、相对湿度30%~40%的条件下仍能正常孵化。

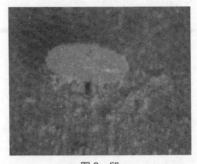

图2 卵

图3 卵块

2.幼虫

幼虫呈长圆柱形。幼虫初孵化时长0.5~0.6毫米，乳白色，肉眼很难看清；以后随着龄期的增加，身体逐渐增长。幼虫喜群居，不停爬动、取食，食植物性食物。各龄幼虫蜕皮时首先爬到饲料或群体表面，呈现休眠状态，头部先裂开一条缝，然后整个身体蜕掉体皮。初蜕皮时为乳白色，随着生长，体色逐渐加深，逐渐变为黄

图4 幼虫

白色、浅黄褐色。老熟幼虫体壁坚硬，无大毛，有光泽，一般体长28~35毫米，直径5~7毫米，呈圆筒形；头壳较硬，为深褐色，虫体为黄褐色，节间和腹面黄白色，各足转节腹面近端有2根粗刺。

3. 蛹

幼虫长到50天后，长约30毫米，开始化蛹。初蛹为乳白色，体壁柔软，隔天后逐渐变为淡黄色，体壁也变得较为坚硬。蛹长15~19毫米，无毛，有光泽，鞘翅芽伸达第三腹节，腹部向腹面明显弯曲。腹部背面各节两侧各有1个较硬的侧刺突，腹部末端有1对较尖的弯刺，呈"八"字形，末节腹面有1对不分节的乳状突（图5）。雌蛹末节腹面乳突大而明显，端部较尖，向两侧弯曲；雄蛹乳突较小，基部愈合，端部呈圆形，不弯曲，伸向后方。蛹呈休眠状态，不食不动（蛹在受到刺激时仅能摇动腹部）完成羽化过程。

图5　蛹

4. 成虫

蛹在25℃以上经过1周后蜕皮为成虫（图6）。成虫喜暗惧光，夜间活动较多，呈长椭圆形。刚刚蜕皮出来为乳白色，甲壳很薄，十几个小时后变为黄褐色、黑褐色，甲壳变得又厚又硬，最后呈黑赤褐色即为性成熟，开始进行交配。成虫分为头、胸、腹三部分，体长 12~20 毫米，宽约 6 毫米，体面多密集黑斑点，无毛，有光泽。头部复眼红褐色，触角念珠状，11 节，第 1 节和第 2 节长度之和大于第 3 节的长度，第 3 节的长度约为第 2 节长度的 2 倍。胸部背侧鞘翅各有 9 条明显的刻点行，行间密生小刻点；胸足 3 对，雄虫前足胫节略宽，跗节明显短于胫节，腹面多毛。腹部腹面可见 5 节，前 3 节愈合，不能活动，在第 3 节和第 4 节、第 4 节和第 5 节之间有发光的节间膜。黄粉虫雌虫个体一般大于雄虫，腹节末端较尖，产卵时产卵器伸出下垂。

雌虫一生可产卵 200~600 粒。若科学饲养管理，可以延长产卵期和增加产卵量，如用复合维生素饲料，适当增加营养，提供适宜的温度、湿度，产卵量可提高到 800 粒以上。

图6　成虫

黄粉虫在昆虫分类学上隶属于鞘翅目，拟步甲科，粉甲属，其常见近缘种有黑粉虫 *Tenebrio obscurus* Fabricius。黑粉虫又名伪步行虫、拟步甲、大黑粉虫等，成虫形大小与黄粉虫基本相同，但幼虫个体较黄粉虫小，发育历期时间长，形态十分相似，应加以区别。其区别的主要特征见表 1。

表 1　黄粉虫与黑粉虫的区别

虫态	区别点	黄粉虫	黑粉虫
成虫	体型	较圆滑	较扁平
	体长	15 毫米左右	14~18 毫米
	体色	黑褐色，有脂肪样光泽	深黑色，无光泽
	触角	末节长大于宽，第 3 节短于第 1、2 节之和	末节宽大于长，第 3 节长于第 1、2 节之和
	鞘翅	刻点密，行列间没有大而扁的刻点	刻点极密，行列中间有大而扁的刻点，产生明显而隆起的脊
幼虫	体长	28~32 毫米	32~35 毫米
	体色	背板黄褐色	背板暗红色或黑褐色

（二）黄粉虫的内部结构

1. 消化系统

黄粉虫的消化道分前肠、中肠、后肠 3 个部分，前肠之前为口器围成的口前腔，食物被咀嚼后与唾液在此搅拌，经口进入食管。中肠又称胃，为消化吸收食物之处。后肠排出消化和代谢的废物，保持体液的水分和离子平衡。黄粉虫幼虫和成虫的消化道结构略有不同，幼虫的消化道平直而且较长；直肠较粗，壁厚质硬，可能与回收水分有关（图 7）。成虫的消化道相对短细，中肠相对发达，由于生殖系统同时占据腹腔空间，肠管不及幼虫发达（图 8）。因此，在饲料配方及加工粒度方面，应该将成虫饲料的营养成分提高一些，加工更精细些；在饲养管理方面，更要体现出饲料添加的"少量多次"的原则。

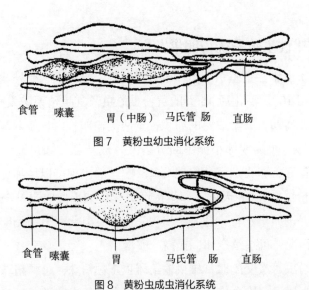

食管　嗉囊　　　胃（中肠）马氏管 肠　　 直肠

图 7　黄粉虫幼虫消化系统

食管　嗉囊　　　　胃　　　马氏管　肠　　 直肠

图 8　黄粉虫成虫消化系统

2. 雄性生殖系统与授精

　　黄粉虫雄性生殖系统由睾丸（精巢）、豆状附腺、管状附腺、射精管、阴茎等组成（图 9）。雄虫羽化 5 天后睾丸和附腺就已很发达、清晰。交配时睾丸中的精珠与附腺排出的产物一同经射精管排出。每头雄虫有 10~30 个精珠，每头雄虫一生可交配多次。

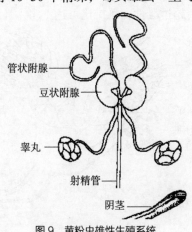

管状附腺

豆状附腺

睾丸

射精管

阴茎

图 9　黄粉虫雄性生殖系统

3. 雌性生殖系统与卵巢发育

黄粉虫雌性生殖系统由卵巢、排卵管、受精囊、受精囊附腺等组成（图10）。羽化后15天的黄粉虫雌虫，其生殖系统发育成熟，达到产卵盛期，大量成熟的卵积存于两侧输卵管内，使两侧输卵管变为圆形，卵巢端部小卵不断分裂发育成新卵。如果此时营养充足，护理好，卵巢端部会出现端丝。端丝的出现可以增加更多的新卵。黄粉虫排卵28天后，卵巢逐渐退化；如果此时再补充优良饲料，可促进卵巢发育，这时会出现一侧卵巢退化而另一侧卵巢特别发达的情况，可继续产卵，提高产卵量。

黄粉虫每次交配时，雄虫输给雌虫1颗精珠，每颗精珠内贮有近100个精子。雌虫将精珠存入受精囊中，每当卵子通过时，受精囊即排出1个或数个精子，精子与卵子结合，形成受精卵后排出体外。当雌虫体内精珠内的精子排完后又重新与雄虫交配，及时补充新的精珠。所以，雄虫比例过小，也会影响黄粉虫的繁殖率。黄粉虫的自然雌雄比例一般为1:1。如果生存环境好，雌虫比例会增加，雌雄比可达（3.5:1）~（5:1）；如果生存环境不好，缺少饲料，雄性黄粉虫的数量会超过雌性，雌雄比可达1:4，且成活率较低。

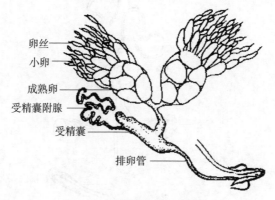

卵丝
小卵
成熟卵
受精囊附腺
受精囊
排卵管

图10　黄粉虫雌性生殖系统

（三）黄粉虫的行为与生活习性

1. 黄粉虫的食性

黄粉虫属于杂食性昆虫。在自然界中黄粉虫成虫多生活于各种农产品仓库中，资料记载，该虫可取食各种谷类、面粉、米粉、麦麸、薯干等各种谷物碎屑，也取食面包、饼干、油料、羽毛、干鱼、干肉、虫尸、鼠粪、菜叶、瓜果等。黄粉虫幼虫食性与成虫一样，只是比成虫更加杂乱。黄粉虫幼虫耐饥力较强，在幼虫长到3~8龄时停止喂料，幼虫耐饥可达6个月以上，特别适合作为蝎子等经济动物的活体饵料。从理论上讲，凡具有营养价值的农副产品都可作为黄粉虫人工养殖的饲料，但不同的饲料直接影响黄粉虫的生长发育、繁殖率及寿命。合理的饲料配方，较好的营养，可以促进黄粉虫的生长发育、提高繁殖率。所以，选择饲料种类并合理搭配饲料是人工养殖黄粉虫的重要环节。

2. 活动习性

黄粉虫幼虫具有一定的爬行能力，在食物缺乏时会爬行寻找食物，但遇到光滑表面很难爬行过去。蛹只能依靠扭动腹部在小范围内运动，不能爬行前进。黄粉虫成虫爬行能力较强，可以迅速从一个地方爬到另一个地方，但遇到光滑表面也很难爬过去。成虫生性好动，昼夜节律不太明显，白天和晚上均能活动取食、交配产卵，但以夜晚较为活跃。成虫虽然有翅，但绝大多数不飞跃，即使个别的飞跃，也飞不远。因此，人工养殖时，可利用幼虫、蛹、成虫的活动特点进行控制饲养。黄粉虫不论幼虫及成虫均群集活动和采食，群集活动时的相互摩擦可促进虫体血液循环和食物消化，有利

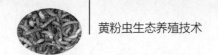

于生长发育和繁殖，为高密度工厂养殖奠定了基础。

3. 自残习性

黄粉虫群体中有互相残伤现象，各虫态均有被同类咬伤或食掉的危险。成虫羽化初期，刚从蛹壳中羽化出来的成虫，体壁白嫩，行动迟缓，易受伤害；从老熟幼虫中刚化蛹的蛹，体软且不能活动，也易受损伤；正在蜕皮的幼虫和卵期等，都是同类取食的对象。因此，防止黄粉虫自相残伤、取食，是人工养殖黄粉虫的又一个重要问题。

4. 假死性

幼虫及成虫遇强刺激或天敌时即装死不动，这是逃避敌害的一种适应性行为。

5. 休眠

黄粉虫是变温动物，一般在温度低于10℃时，会处于一种休眠或半休眠状态，不吃不动也不死，手摸感到虫体发凉。在休眠时，一定要保持适宜的湿度，否则，虫体会因新陈代谢消耗体能而逐渐干枯死亡。另外，在休眠时，温度不可长期低于5℃，否则会被冻死。

6. 蜕皮

黄粉虫与其他昆虫一样，属于外骨骼动物，由于其表皮坚韧（即外骨骼），属于非细胞性组织，伸展性很小，当幼虫营养积累到一定程度后，必须蜕去旧表皮，形成面积更大的新表皮，才能使虫体进一步增大。蜕皮现象一般只发生在幼虫时期，其他虫态不蜕皮。在蜕皮时间上，黄粉虫幼虫约1周蜕1次皮。在温度、湿度适宜的情况下，幼虫蜕皮顺利，否则将出现蜕皮困难，甚至出现畸形死亡现象。

（四）黄粉虫对生态环境的要求

影响黄粉虫生存的环境因素，按其性质可分为两大类，一类是非生物因素，即温度、湿度、光照等气候因素，或称无机因素。另一类是生物因素，即有机因素，主要包括食物（饲料）、天敌及自身密度效应等。其中起主要作用的是温度、饲料和生存密度。要想获得最佳的经济效益，不仅要满足黄粉虫生长、发育、生存、繁殖等对环境条件的基本要求，而且要通过不同的环境条件的优化组合，找出最适宜的养殖环境条件以缩短饲养周期、降低饲料成本、减少管理投入，不断提高单位面积产量和综合经济效益。所以，创造适宜的环境条件是科学养殖黄粉虫的关键。

1. 温度

昆虫正常的代谢过程要在一定温度下才能进行，温度的变化可以加速或抑制黄粉虫体内代谢过程，它决定着昆虫生命过程的特点、取向和水平。因此，温度是黄粉虫进行积极生命活动的重要环境条件之一。黄粉虫是变温动物，其进行生命活动所需的热能的来源，主要是太阳的辐射热，其次是有本身代谢产生的热能，但在很大程度上取决于周围的环境温度。根据温度对黄粉虫生命活动的作用，可将环境温度分为致死高温区、亚致死高温区、适温区、亚致死低温区、致死低温区。

（1）致死高温区

在此温区，高温直接破坏黄粉虫体内酶的作用，甚至会使蛋白质受到不可逆的破坏，黄粉虫经过较短时间后便死亡。其上限温度为最高致死温度，是理论上的最快致死温度。黄粉虫的致死高温区为45℃以上。

（2）亚致死高温区

在此温区，黄粉虫各种代谢过程速度不一致，从而引起机体功能失调，黄粉虫的生长发育和繁殖受到明显的抑制。如果高温持续时间较短，温度恢复正常，黄粉虫仍可恢复正常状态，但部分机能受到损伤；如果高温持续时间较长，黄粉虫呈热昏迷状态或死亡。黄粉虫在此温区的死亡取决于高温的强度和持续时间。黄粉虫的亚致死高温区为40~45℃。

（3）适温区

在此温区，黄粉虫的生命活动正常进行，处于积极状态。因此，此温区又被称为有效温区或积极温区。适温区又可分为高适温区、最适温区和低适温区。

在高适温区，黄粉虫的发育速度随着温度的升高而减慢。高适温区的上限，称为最高有效温度，达到此温度，黄粉虫的繁殖力就会受到抑制。黄粉虫的高适温区为35~40℃。

在最适温区黄粉虫发育速度适宜，并随温度的升高而加速，繁殖量最大。黄粉虫最适温区为25~35℃。

在低适温区内，黄粉虫随着温度的下降，发育变慢，死亡率上升，其最低限温度称为最低有效温度，高于此温度黄粉虫才开始生长发育，所以，最低有效温度又叫发育起点温度或生物学零摄氏度。黄粉虫各个虫态均存在最低有效温度，黄粉虫成虫的低适温度区为15~25℃，卵的发育低适温区为5~10℃，幼虫的发育低适温区为5~10℃，蛹的发育低适温区为10~15℃。

在适宜温度范围内，温度与黄粉虫生物发育的关系比较集中地反映在温度对黄粉虫发育速率的影响上，即反映在有效积温法则上。有效积温法则主要含意是昆虫在生长发育过程中必须从环境摄取一定的热量才能完成某一阶段的发育，而且昆虫各个发育阶段所需要的总热量是一个常数。这一法则一般可用下面的公式表示。

$$N \cdot T = K$$

式中：N 为发育历期即生长发育所需时间（天数或小时）；T 为发育期间的平均温度；K 是总积温（常数）。

昆虫的发育都是从某一温度开始的，而不是从 0℃ 开始的，生物开始发育的温度就称为发育起点温度（或最低有效温度），由于只有在发育起点温度以上的温度对发育才是有效的（C 表示发育起点温度），所以上述公式必须改写为以下公式。

$$N \cdot (T-C) = K$$

式中：C 为发育起点温度；（$T-C$）为发育平均有效温度。

昆虫在发育期内要求摄取有效温度（发育起点以上的温度）的总和称为有效积温。

根据有效积温法则，可根据养殖场所的温度推算出黄粉虫各虫态的发育进度和发育历期，也可通过调控温度，科学安排每批黄粉虫的产出日期。

黄粉虫各虫态发育的发育起点温度和有效积温见表 2。

表 2　黄粉虫各虫态发育的发育起点温度和有效积温

虫态	发育起点温度 /℃	有效积温 /（天·℃）
卵期	8.002 1 ± 1.121 1	79.611 1 ± 1.670 1
幼虫期	8.245 2 ± 0.861 0	635.331 9 ± 32.701 3
蛹期	9.154 5 ± 0.531 4	118.926 7 ± 4.000 9
成虫产卵前期	11.881 6 ± 0.241 5	67.607 8 ± 1.214 7
全世代	9.127 3 ± 0.831 5	901.477 5 ± 38.121 7

（4）亚致死低温区

在此温区，黄粉虫体内各种代谢过程减慢而处于冷昏迷状态，如果维持这样的温度，亦会引起死亡。在这种情况下的死亡决定于低温强度和持续时间。若经短暂的冷昏迷又恢复正常温度，通常都能恢复正常生活。黄粉虫的亚致死低温区为 $-10\sim-5℃$。

（5）致死低温区

在此温区，黄粉虫体内的液体析出水分结冰，不断扩大的冰晶可使原生质受到机械损伤、脱水和生理结构受到破坏，从而引起死亡。黄粉虫的致死低温为 $-10℃$ 以下。

2. 湿度

和温度一样，水也是发生积极生命活动所必需的条件之一。黄粉虫主要从环境中摄取水分，而具有保持体内水分避免丧失的能力。但环境湿度、水分、食物含水量的变化对黄粉虫机体起着极其重要的影响。特别是黄粉虫在孵化、蜕皮、化蛹、羽化期间，新形成的表皮保水能力甚低，如果环境湿度偏低，容易造成大量失水，轻则产生畸形，重则引起死亡。黄粉虫在空气相对湿度为40%~90% 时各虫态均可正常发育，其中最适相对湿度，成虫、卵为 55%~75 %，幼虫、蛹为 65%~75%。

空气干燥影响黄粉虫的生长和蜕皮。黄粉虫蜕皮时从背部裂开一道口子，称为蜕裂线，许多幼虫或蛹的蜕裂线因干燥打不开，而无法蜕皮，使其不能正常生长，逐渐衰老死亡，有的因不能完全从老皮中蜕出而呈残疾。湿度过高时，饲料与虫粪混在一起易发生霉变，使虫子得病。所以保持一定的湿度，随时补充适量含水饲料（如菜叶果皮等）是十分必要的。在相同湿度环境下保持温度的稳定，对黄粉虫生长发育、交配、产卵及寿命都是十分重要的。

黄粉虫耐旱、喜欢稍为干燥的环境，不喜欢潮湿的生境。在北方干燥的养殖室内进行喂养，患干枯病现象很多，而在南方多雨季节则容易患腐烂病，死亡率较高。

3. 光照

在自然界，光和热是太阳辐射到地球的两种热能状态。黄粉虫可以从太阳的辐射中直接吸收热能。虽然黄粉虫长期生存于无光或暗光的环境中，害怕强光的刺激，但它们也需要一定的光照。黄粉虫幼虫复眼完全退化，仅有单眼 6 对，它怕强光而趋黑，主要以触角及感觉器来导向，呈负趋光性。成虫也一样怕光，喜欢在光线较暗的地方活动和产卵。在人工饲养条件下，养殖场所应保持黑暗，生产中可利用黄粉虫的负趋光性筛选蛹及不同大小的幼虫。

4. 饲养密度

黄粉虫幼虫性喜集群生活，在高密度的群体生活中，能引起幼虫之间的相互取食竞争，其益处是能引起彼此快速进食和发育成长。但若在密度过大、食物缺乏时，则会出现生长缓慢，相互竞争激烈和自相残杀现象，死亡率较高。实践证明，黄粉虫幼虫的养殖密度与饲料空间呈反比关系，幼虫适宜的饲养密度主要取决于它能获得的饲料空间。密度过大，幼虫能获得的饲料空间变小；反之，幼虫所获得的饲料空间变大。随着幼虫的生长，体积增大，需要的空间和食物也越多，这样在一定的空间和有限的食物资源条件下，密度效应将起到影响作用。因此，密度过大，幼虫生长缓慢，发育期延长，化蛹延迟和化蛹率降低，幼虫在蜕皮及化蛹时易被伤害，导致畸形或死亡，使得整体发育速度缓慢。

我们在长期饲养黄粉虫的实践中观察到，低密度的幼虫个体较大、较肥，但是生长期较长，而且幼虫不活泼、行动迟缓。这是因为低密度的幼虫获得饲料空间较大，使得幼虫获取饲料的竞争力变小，虽然幼虫个体较大，但是生命力并不强，不适合留种，有可能会造成品种退化。

（五）黄粉虫的生长发育特点

1. 生活史

黄粉虫为完全变态昆虫，一生要经过卵、幼虫、蛹、成虫四个阶段，生活史及各阶段所经历的时间与环境温度、湿度、饲料、饲养管理密切相关（表3）。在自然条件下，黄粉虫在我国北方地区一般一年发生1代，以幼虫越冬。在南方地区可一年发生2代。在北方地区，黄粉虫以幼虫越冬，3月中旬至4月上旬开始活动，幼虫逐渐老熟化蛹，5月中旬开始羽化为成虫，性成熟后开始交配、产卵繁殖。由于个体变态时间极不一致，同一批黄粉虫幼虫，从群体中出现化蛹者到最后1只化蛹完毕时间可持续30天以上。所以黄粉虫活动期往往同时出现卵、幼虫、蛹和成虫。在人工饲养条件下，冬季采取加温措施，可全年生长繁殖，一般完成1个世代需要80~100天，一年可饲养3~4个世代。若全部控制在最适温度、湿度条件下饲养，理论上完成1个世代需要45~60天。

表3　黄粉虫各虫态生长发育周期

虫态	温度 /℃	相对湿度 /%	发育历期 / 天
成虫	24~34	55~75	60~90
卵	24~34	55~75	6~9
幼虫	25~30	65~75	85~130
蛹	25~30	65~75	7~12

2. 卵的历期

黄粉虫卵孵化期的长短与温度密切相关，在10℃条件下，卵很少孵化，15~20℃时需要7~12天，20~25℃时需要7~8天，25~32℃时需要3~5天。在自然变温条件下，全天24小时均可孵化，但以后半夜至早晨 8:00 前孵化最多，卵的孵化率可达 90%。

3. 幼虫生长

黄粉虫幼虫生长发育过程伴随着周期性的蜕皮。幼虫每蜕皮 1 次增加 1 龄，体形变大，体重也随之增加。黄粉虫幼虫生长期一般为 80~130 天，最长可达 480 天，平均生长期 120 天。黄粉虫幼虫一生中蜕皮次数差异较大，且与环境温度及营养条件有关。在 20~25℃时蜕皮 12~15 次，25~30℃时蜕皮 9~14 次，30~34℃时蜕皮 15~20 次，温度低于 10℃时，幼虫开始进入冬眠状态。在相同温度下，每个饲养群都有 10%~15% 的个体发育缓慢，发育最快和最慢的幼虫期差距近 1 倍。幼虫蜕皮时常先爬浮于饲料或群体表面，后停止取食，头部蜕裂线裂开，幼虫从蜕皮中蜕出。刚蜕皮的幼虫乳白色，比较幼嫩，容易受到伤害，1~2 天后变为黄褐色，体壁也随之硬化。黄粉虫幼虫的生长情况因龄期的不同而有明显的差异，在低龄期生长速度较快，高龄及老熟幼虫生长缓慢，幼虫平均每天的增重随着日龄增长而增大，当幼虫生长到一定阶段（即 60~65 日龄）后，其幼虫的每天增重则呈下降趋势。

4. 化蛹和羽化

老熟幼虫化蛹时会爬到饲料表面或幼虫较少的场所，然后停止取食和活动，身体稍微缩短弯曲呈 "C" 或 "S" 形，进入预蛹期。3~4 天后蛹从幼虫表皮中脱出，完成化蛹过程。蛹初为乳白色，1 天后变为浅黄色。黄粉虫的蛹只能靠扭动腹部运动，不能爬行。黄粉虫的成虫和幼虫都可以蚕食蛹，将蛹作为食物。黄粉虫蛹期的长短与温度相关，在 15~20℃条件下蛹期为 8~20 天，25~32℃时为 6~8 天。

蛹发育成熟后颜色变深呈褐色，羽化前成虫在蛹内不断扭动，使蛹壳破裂并从中蜕出。蛹的羽化适宜相对湿度为50%~70%，温度为25~30℃。如温度过高或过低，湿度不适宜的情况下（尤其在北方低温、低湿的情况下），羽化时间延长，羽化率降低，往往出现黑色死蛹和干僵蛹。

5. 成虫寿命

初羽化的成虫为乳白色，1~2天后体壁变硬呈黄褐色或红褐色，4~5天后变为黑褐色，并开始交配产卵。成虫的寿命一般为50~160天，平均寿命为60天。成虫的寿命受温度、湿度和营养条件的影响较大，在33℃以上时，成虫寿命缩短，产卵很少或不能产卵。当气温达到38℃以上时，成虫的寿命只有5天。在适宜的温度、湿度及营养状况下，尤其是在增加蛋白质供应条件下，成虫的产卵量可以成倍增加，且可延长成虫寿命及繁殖时间。

三、黄粉虫养殖场地的选择与常用设备

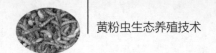

（一）场 地 选 择

黄粉虫养殖场地选择是发展黄粉虫养殖生产的关键，要根据黄粉虫的生物学特点与养殖方式综合考虑地形地势、周边环境、饲料供应、交通等实际问题。

1. 地形地势

地形地势是指场地形状和倾斜度。黄粉虫养殖场地应选择在地形整齐开阔、地势稍高、干燥、平坦、排水良好、背风向阳的地方。由于黄粉虫对潮湿环境的适应能力和耐受力较差，场地不宜选择在低洼潮湿的地方。南方地区应充分考虑黄粉虫养殖场夏季防洪、防涝、排除积水的问题。山区建场，宜选择在稍平缓的向阳坡地（有1%~3%缓坡），坡度不大于20%，切忌在山顶、坡底、风口、低洼潮湿之地建场。平原地区建场，应选在地势稍高的地方。

2. 周边环境

黄粉虫喜欢安静通风场所，惧怕刺激性的气味，所以最好选择远离闹市区、距公路及化工厂远些的场所作为养殖场，最适选在农村周围没有污染源、安静的环境。

3. 交通条件

黄粉虫养殖场位置应选择交通便利、电力充足，距村庄、居民生活区、屠宰场、牲畜市场较远的地方，位于住宅区下风方向和饮用水源的下方。但因养殖场的防疫需要和防止对周围环境的污染，又不可太靠近主要交通干道。

（二）黄粉虫的养殖方式

目前黄粉虫养殖多根据黄粉虫不同虫态，采用比较科学的分离饲养方法，将其放入不同的设备或容器中，根据不同虫态的生物学特性，分别采取不同的饲养管理方法。这种饲养管理方法即可有效防止黄粉虫自相残食，又可成批生产规格一致的产品。根据饲养设备或容器不同，目前较常见的黄粉虫养殖方式有以下四种：

1. 池养

此种方式是在室内建造养殖池，将不同虫态的黄粉虫分池饲养。养殖池可大可小，常见规格为 200 厘米 ×200 厘米 ×15 厘米或 250 厘米 ×150 厘米 ×15 厘米，池底和内壁上沿镶嵌宽 5 厘米的玻璃条，以阻止黄粉虫爬出。池养的缺点是养殖空间利用率低。

2. 盆养

此种方式多选择现成的塑料盆、搪瓷盆或陶瓷盆将不同虫态的黄粉虫分别放置饲养。由于盆内壁比较光滑，不需特别处理，即可防止黄粉虫爬出。若有可能，制作养虫架将盆分层放置，可以充分利用养殖空间。

3. 箱养

此种方式需制作专门的养虫箱，将不同虫态黄粉虫分箱饲养。养虫箱规格统一，便于整齐叠放，可充分利用养殖空间。为防止黄粉虫爬出，养虫箱内壁需要进行光滑处理。

4. 柜养

此种方式需制作专门的养虫柜，适于大规模集约化养殖。养虫柜一般用木板制成，柜中安装数量不等的抽屉，每个抽屉相当于一个养虫箱，抽屉内壁也应经过光滑处理。

（三）饲 养 房

黄粉虫在饲养房内饲养，具有便于调节温湿度、避免强光直射、养殖量大等优点。黄粉虫饲养房要求通风良好，室内光线较暗，防止太阳照射。房内地面要做到平整光滑，最好能用砖地面，因吸水性好，可以调湿，降温快，冬暖夏凉；也可用水泥地面，这样既便于搞好卫生防疫，又便于捡起掉在地面的虫子。为能较好地防止天敌如老鼠、壁虎、鸟类、蜘蛛等的侵害，饲养房的门、窗都要装有纱窗。饲养房的面积大小视其养殖黄粉虫的多少而定，为了减少投资，可以充分利用闲置的空旧房，如一般的旧厂房、仓库、民宅、废弃的学校等。但这些旧房要求必须没有堆放过农药、化肥和其他刺激性气味的物品（如油漆、柴油、各类洗涤剂、化妆品等）。在经济条件允许的情况下，最好建设专门的养殖温室。为了便于管理，饲养房内划分不同的功能区，功能区划分以各功能区互不影响且有利于管理为原则。

规模化养殖时，每个虫态最好都有独立的饲养房，这样有利于根据黄粉虫各个虫态的特点控制环境条件和进行管理，种虫饲养房饲养成虫产卵，并定期将收集到的卵进行孵化；幼虫饲养房专门饲养幼虫。最好有专门的孵化室。

另外一种模式为塑料大棚采热养殖，也可以将两种养殖模式有机地结合，即房舍与大棚联体建设，充分利用自然条件调节温度。

大棚养殖可以使自然采光和人工加温相结合，创造一个恒温条件。一般投入成本相对较低，但冬季保温效果差，不利于开展周年养殖黄粉虫。根据饲养棚排列，可分为单列饲养棚和双列饲养棚。建议饲养棚地址也要选择在地势高燥、背风向阳，无高大建筑物遮蔽处。坐北向南或稍偏东南（不超过15°）。修建饲养的材料可因地制宜，就地取材。墙可用砖或石头等砌成，圈外设贮粪池。后坡棚顶可用木板、竹子、板皮、柳条等铺平，上面铺以废旧塑料薄膜、编织袋、油毡等，再用黄泥掺麦草或锯末抹平，上面盖瓦或石棉瓦等。棚支架用木材、竹子、钢筋、硬塑等均可。棚杆间距0.5~0.8米为宜。

塑料大棚饲养房（图11）一般长6米、宽4米，前沿顶高2~2.5米，前墙高1~1.2米，后墙高1.7米，门设在饲养房背风一侧，规格为1.65米×0.8米，每间饲养房在后墙高1米处留0.4米×0.3米通风窗一处，夏季通风，冬季关闭。每间顶部设0.25米×0.25米的排气口1个。水泥地面，坡降为0.5%，前坡短，冬季扣塑料薄膜；后坡长，保温棚顶。饲养棚的入射角是指塑料薄膜的顶端与地面中央一点的连线和地面间的夹角，要大于或等于当地冬至正午时的太阳高度角。塑料薄膜的坡度是指塑料薄膜与地面之间的夹角，应控制在55°~60°，这样可以获得较高的透光率。饲养棚的排气口应设在棚顶部的背风面，高出棚顶50厘米，排气孔顶部要设防风帽。饲养棚进气口应设在南墙或东墙的底部，距地面5~10厘米。进气口面积为出气口一半。也可不设进气口，通过门进气。塑料薄膜温棚苫一层或两层塑料薄膜。在北方寒冷季节里，为了提高塑料大棚保温效果，还须备有草帘或尼龙保温布，将其一端固定在棚的顶端，白天卷起来固定在棚舍顶端，晚上覆盖在塑料薄膜的表面，起到保温作用。同时还要保持塑料薄膜清洁，经常清扫塑料薄膜上的灰尘，以免影响透光率。

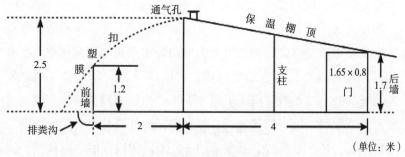

图 11　塑料大棚饲养房侧面

　　不论选用哪种饲养房模式，均须满足经济实用、通风性能好、具备加温、保温等条件。

（四）常用养殖工具与设备

　　黄粉虫规模化生产，饲养用具主要有立体养殖架、养殖箱（盘）、产卵筛（40~60目）、虫粪筛（20~60目）、选级筛（10~12目）、选蛹筛（6~8目）。

1. 立体养殖架

　　利用立体养殖架主要目的是为了提高生产场地利用率，充分利用空间，便于进行立体饲养。为便于根据需要重新布局，立体养殖架一般采用活动式的。立体养殖架可选择木制或三角铁焊接而成，要求稳固，摆上养殖箱后不容易翻到。立体养殖架具体高度依据饲养房的高度和操作方便而定，一般高为 1.6~2 米，层距 20 厘米。养殖架第一层距地面 30 厘米高的脚四周贴上胶带，使之光滑以防蚂蚁、鼠类爬上架。

2. 养殖箱（盘）

养殖箱（盘）用于饲养黄粉虫幼虫、蛹及收集成虫产的卵和在其中进行卵的孵化（也叫孵化箱），其规格、大小可根据实际养殖规模和使用空间而定。养殖箱（盘）大小和养殖架大小相互适应，制作时要注意尺寸和跨距，一定要使养殖箱抽拉自如，这样既节约空间又不易拉掉盒子。养殖箱（盘）要求内壁光滑，不能让幼虫和成虫爬出逃跑。制作养殖箱要选用没有特殊气味的杨木或杂木板，最好是梧桐木板。

养殖箱没有统一的规格要求，目前生产上最常采用的养殖箱规格为长 800 毫米、宽 400 毫米、高 60 毫米（图 12）。山东农业大学所推荐的养殖箱规格为：外径长 620 毫米、宽 236 毫米、高 38 毫米；内径长 578 毫米、宽 218 毫米、高 29 毫米。实际上，不论采用哪一种标准养殖箱，均要求标准养殖箱大小一致、底面平整、整体形状规范、不歪斜翘边，且坚固耐用、价格低廉。为了节约成本，也可利用旧木料自行制作木盘，或者采用硬纸制作成纸质养殖盒，但规格必须与上统一。在加工养殖箱前，先在四周边料的内侧粘贴宽胶带，由底缘往上、底缘略有富裕，在钉底板时压在底板和四周侧板中间，可以保证黄粉虫幼虫、成虫不会沿壁爬出。养殖箱塑料材质也可，但是 1~2 月龄以上的幼虫最好养于木质箱内，以增加空气的通透性，防止水蒸气凝集。如果不用养殖架饲养，可以把各种养殖箱以图 12 所示的角度相互叠置，叠至 1.5 米高，箱堆间须留人行道或 20 厘米以上的间隔，以利于管理和通风。

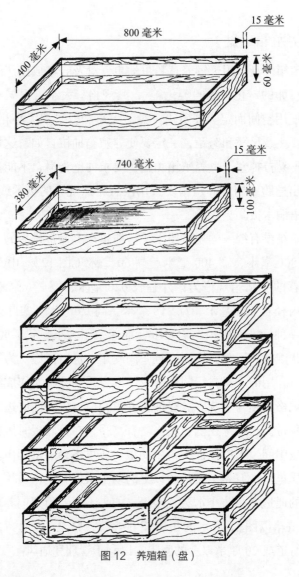

图 12　养殖箱（盘）

3. 分离筛

分离筛用于筛除不同大小的虫粪和分离不同大小的虫子。分离筛根据不同用途，其筛孔数目有所不同。所谓目是指每英寸（约

2.54 厘米）长度上筛孔的个数。用于分离虫粪和各龄幼虫的分离筛有 20 目、40 目、60 目 3 种，3~4 龄前幼虫宜用 60 目的分离筛，4~10 龄幼虫宜用 40 目的分离筛，10 龄以上幼虫宜用 20 目的分离筛。用于分离老熟幼虫和蛹的分离筛是 8 目的。

分离筛一般分为虫粪筛和虫蛹分离筛 2 类，虫粪筛用于分离各龄幼虫和虫粪，幼虫与虫粪的分离筛由 8 目、20 目、40 目、60 目不锈钢丝网或尼龙网做底制作而成；虫蛹分离筛用于分离老熟幼虫或蛹，四周用 1 厘米厚的木板制成，由 3~4 毫米孔径的筛网做底制作而成。

4. 产卵筛

产卵筛又称产卵盘。产卵筛由产卵隔离网筛和生产养殖箱两部分组成。产卵隔离筛由 40~60 目网制作而成，四周比生产养殖箱缩小 3~5 厘米，以方便放入和取出。

5. 其他工具

养殖黄粉虫除上述器具外，一般还需要温度计和湿度计、旧报纸或白纸（成虫产卵时制作卵卡）、塑料盆（不同规格，放置饲料用）、喷雾器或洒水壶（用于调节饲养房内湿度）、镊子、放大镜等。

四、黄粉虫的人工
繁殖技术

（一）黄粉虫种源的引入

引种是从事黄粉虫饲养生产的第一个重要环节。对黄粉虫来说，引种改变了黄粉虫的生活环境，是一场对黄粉虫生命力和适应性的严峻考验，也是对生产者引种技术水平的实际检验。在生产中常常因引种而出现黄粉虫的不适应、所引品种生产力不能达到原品种的生产标准、引进黄粉虫出现死亡、引发疫病的流行等现象。这些对黄粉虫饲养生产形成较大的威胁，甚至给饲养场造成重大的经济损失。

1.引种前的准备工作

（1）市场调研与可行性分析

黄粉虫生产经营者引种前，要做好市场调查，有目的、有计划、有系统地收集和分析本地及周围市场的情况，取得近期的经济信息，并预测远期的市场需求。

（2）做好技术准备

黄粉虫饲养在我国是一项新兴的产业，对于大部分人来说知之甚少。在引种前要通过各种方式，了解该品种的外部形态特征、生活习性、繁殖性能等，要明确健康、高产个体的鉴定标准，以便建立稳定的优质种群。要掌握特种黄粉虫生物学特性，如其栖息环境要求、食性、繁殖特性等；要根据黄粉虫的习性要求，提供相应的饲养条件，如饲养房设计、饲料配制、繁殖方法等；要根据黄粉虫的生物学特性，确定引种时间和运输方式。此外，在引种前，要了解黄粉虫的常见疫病及检疫方法，避免引进带病或带毒个体。

（3）制订引种计划

在做好上述准备后，引种前应制订一个详细的引种计划。包括引种目标、种源地、引种数量、种群结构（龄期和性别比例）、引种时间、运输方式、运输人员等。引种时首先要确定引种目标，明确生产存在的问题和引种的要求；也必须了解原产地的生产条件，以及拟引进种生物学性状和经济价值，便于在引种后采取适当措施，尽量满足引进种对生活环境条件的要求，从而达到高产、稳产的目的。对于引入黄粉虫的数量、龄期和性别比例，应该根据饲养目的和饲养规模有计划选购，切勿贪大。初次引进数量要少，经过试验，逐步扩大；也可以到几个地区引种，进行比较鉴定，确定适宜种群。已建黄粉虫饲养场和养殖户应根据自身实际，根据种群更新计划，确定所需品种和数量，有选择地购进能提高本场种黄粉虫特定生产性能，并与自己的黄粉虫群健康状况相同的优良个体。

（4）引种场家的选择

初养者在选择引种场家时要进行实地考察，确认种源品质。要检查它们的各项生产记录，如养殖规模、品种特性、谱系关系、健康状况。经过对多个供种单位进行考察、鉴别、比较，然后确定具体的引种单位。

（5）物质准备

要做好引种前的一切物质准备，包括运输工具的制作与消毒、饲养用具（饲养房、养殖箱、饲料等）的消毒、饲料饮水的准备、隔离舍的消毒等。

2. 严格挑选，切实把好种虫的质量关

俗话说"好种出好苗，好苗结好瓜"，没有好的种苗，很难获得好的生产效益。目前，有个别的企业用黄粉虫商品虫冒充黄粉虫种虫高价出售，坑害不知情的初养者。所以初养者最好到正规的、信誉好的企业引种，避免上当受骗。最好请专业技术人员帮助挑选。黄粉虫的幼虫、蛹、成虫都可作为种虫，但由于低龄幼虫外部特征

难以观察，成虫产卵与否难以判断，所以首次引种最好选择大龄幼虫和蛹作为种虫。一般优良的种虫应满足以下标准：个体健壮、活动迅速、体态丰满、色泽光亮、大小均匀、不挑食、生长快、成活率高、饲料利用率高。而劣质种虫明显瘦小、色泽乌暗、大小参差不齐（经过处理时不明显）、成活率低、产卵量远远达不到要求。

3. 引种季节

黄粉虫品种特性的形成，与自然条件之间存在十分密切的关系。各种生态类型的黄粉虫群体，均具备自身一定的生长发育规律和特点。不同区域适应性的黄粉虫群体，若引种不当，则会造成死亡或生殖力下降。

引种最好从当地引进优良品种，因其适应当地环境和自然条件，容易饲养成功，亦可免去长途携带或运输之劳，减少因途中处理不当造成的死亡。当需要的种虫无法在本地获得时，亦可从外地引种。黄粉虫的引种季节最好选择在4—5月，其次是9—10月。因为这两个季节天气温差变化不大，长途运输对虫体的影响较小，虫体损伤亦小。在夏季引种，应避免黄粉虫在运输中产生高温，温度不应超过30℃。有条件者应将温度控制在27~30℃，湿度控制在65%~75%。

4. 减少应激，做好运输

（1）运输车辆

黄粉虫的运输车辆应大小适中，并经过严格消毒处理，车上应垫上锯末或沙土等防止黄粉虫箱体在运输中颠簸碰撞。在运输途中要尽量做到匀速行驶，减少紧急刹车造成的应激。

（2）静止虫态（卵、蛹）的运输

静止虫态的运输过程中出现问题较少。运输卵（卵卡）最为方便与安全。只要保证卵（卵卡）不积压过度，基本不会发生造成损失的情况。远距离以邮寄卵卡为主要方式，也可以将卵同产卵麸糠和虫粪沙混合运输。运输蛹时，应该同时在容器中装入蛹体重量30%~50%的虫粪或饲料，起到隔离和降温的作用，这样可以使死亡率或畸形率大幅度降低。

（3）活动虫态（幼虫、成虫）的运输

黄粉虫幼虫可用袋装、桶装或箱装，每箱（或桶）10千克，这样包装一般不会造成大量死亡。但应特别注意的是尽量避免黄粉虫运输过程中反复受到震动和惊扰，不断地活动，虫体之间相互挤压。活动虫态运输主要的影响因素是运输过程中群体过大造成的局部高温死亡，运输时应在装载器具中加入结成冰块的矿泉水（黄粉虫耐寒性较强，一般不至于冻死）。运输途中，应随时检查温度的变化，发现问题后及时采取相应措施。夏季如果不采取防暑降温措施，一袋10千克的虫体经3小时的运输，袋（或箱）中虫体温度可以升高5~10℃，可能导致大量虫体因高温而致死。在气温低于5℃时，则应考虑如何加温的问题。在运输过程中尚需注意以下事项：在运输包装容器内掺入黄粉虫重量30%~50%的虫粪及10%~20%的饲料，与虫体搅拌均匀（虫粪可以起到隔离作用，减少虫体之间的接触，并有吸收部分热量降低温度的作用）；用编织袋装虫及虫粪，然后平摊于养虫箱底部，厚度不超过5厘米，箱子可以叠放装车。

（4）合理饲喂引种种虫

黄粉虫种虫运回饲养场后，应进行一段时间的隔离饲养，待观察无病后，方可混群。长途运输和环境变化，易引起黄粉虫的应激反应，所以到达目的地后，应先让其安静1~2小时，再拌点开水饲喂，隔3~4小时再正常喂饲料，为防止饲料配方突然变化而引起的黄粉虫消化道疾病，最初3~5天仍喂原饲养场同种或同类别的饲

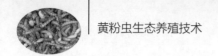

料，先喂精料后喂青料，以后逐步调整用新饲料。

（二）黄粉虫种虫的选择标准

优良的黄粉虫种虫应具有不挑食、生长发育快、繁殖力高、饲料利用率高、抗病力强等特点。黄粉虫的种虫在幼虫期选择较为合适，选择老熟幼虫做种虫时应注意以下几点。

1. 个体大

老熟幼虫长度体长在 33 毫米以上，每千克计 5 000 条以下。

2. 生活力强

常群居在一起，不停地活动。将幼虫放在手心上时，爬动迅速，遇到菜叶或瓜果时会去取食，并迅速结成团体。对强光照表现明显的负趋光性。

3. 体形健壮

虫体充实饱满，色泽金黄，个体发育整齐，大小发育相对一致，体壁光滑有弹性，腹面白色部分明显。

4. 化蛹率

化蛹病残率小于 5%，羽化病残率小于 10%。

5. 繁殖量（以繁殖幼虫数量为准）

每代繁殖量在 250 倍以上为一等虫，每代繁殖量在 150~250 倍为二等虫，每代繁殖量在 80~150 倍为三等虫，每代繁殖量在 80 倍以下为不合格种虫。

6.退化

在常规养殖中每年繁殖 3 代的情况下，2 年内无明显退化现象。

（三）黄粉虫的繁殖

1.性别比例

黄粉虫的自然雌雄比例一般为 1：1；如果生存环境好，雌性数量会增加，雌雄比可达（3.5：1）～（5：1）；如果生存环境不好，饲料营养配比不合理，雄性黄粉虫的数量会超过雌性，雌雄比为 1：4，而且成活率较低。

2.雌雄鉴别

（1）蛹

黄粉虫的雌雄鉴别一般通过蛹来实现。黄粉虫的腹部末端有 1 对较尖的尾刺，呈"八"字形。末节腹面有 1 对乳状突，雌蛹乳状突粗大明显，突的末端较尖并向左右分开，呈"八"字形。雄蛹短小微露，末端钝圆，不弯曲，基部合并（图 13）。

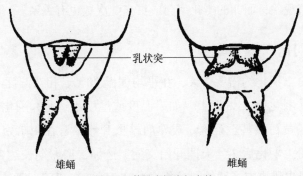

乳状突

雄蛹   雌蛹

图 13   黄粉虫蛹腹部末节

（2）成虫

成年雌性黄粉虫虫体一般大于雄性虫体，但外表基本一样。雌性成虫尾部很尖，产卵器下垂，伸出壳外，能够隔着网筛将卵产在接卵纸上。

3. 交配繁殖

黄粉虫直至成虫期才具有生殖能力。黄粉虫成虫交配对环境要求比较高，一般正常的温度在 25~33℃，湿度要求在 65%~75%。雄虫羽化 5 天后睾丸和附腺已十分发达，即可进行交配。另外，成虫在交配时如果突然遇到强光和噪声，则会因为受到惊吓而中断交配。黄粉虫雄虫精巢内含有若干个精珠（也叫精巢小管），每只雄虫一个生活周期可产生 10~30 个精珠，每个精珠内储存有约 100个精子，一生可以交配多次。交配时间多在晚上 8:00 至凌晨 2:00。每次交配时，雄虫输给雌虫一个精珠。

雌虫羽化 15 天后进入产卵盛期，此时一旦交配，雌虫将精珠存于受精囊内，当卵巢内成熟的卵子通过时，精珠即排出精子，完成受精而排出。雌虫卵巢不断产生新的卵子，不断排出卵子；当雌虫体内精珠的精子排完后又重新与雄虫交配，及时补充新的精珠。所以，雄虫比例小，也会影响受精率。实践中尚未发现黄粉虫具有孤雌生殖现象，而卵的孵化率与成虫交配次数也有关系。

4. 羽化产卵

黄粉虫羽化约需要 7 天，在平均气温 20℃、相对湿度 75% 的条件下，羽化率 85% 以上。如果温度或湿度不适宜，羽化时间可能推迟，黄粉虫甚至死亡。成熟的雄虫和雌虫喜在阴暗处交尾产卵。黄粉虫羽化后 3~4 天即开始交配、产卵，产卵期长达 2 个月。黄粉虫成虫雌虫在产卵的同时分泌大量新液，包裹于卵壳外，黏附食物碎屑及粪便，可以起到保护卵的作用，同时可以保证幼虫孵化后及时直接食用饲料和卵壳。

雌虫从羽化第 15 天开始进入产卵盛期，产卵盛期可持续 15 天，在产卵盛期内，每只雌虫每天最多可产卵 40 粒。如果条件适宜，每只雌虫在一个生活周期可产卵 200 多粒，平均每天产卵 15 粒。雌虫产卵数的 70% 集中在第 15~25 天，95% 集中在第 10~30 天，成虫产卵 1 个月后，虽然存活，但其产卵量迅速下降。若加强管理可延长产卵期和增加产量。在提供营养丰富的复合生物饲料和适宜的温度、湿度条件下，有的优质种虫产卵量 800 粒以上。

（四）卵的收集与保存

黄粉虫产卵时大部分钻到饲料与纱网之间的底部，伸出产卵器，穿过网丝孔，将卵产在网下的饲料中。人工饲养黄粉虫就是利用黄粉虫向下产卵的习性，用网将它和卵隔开，杜绝成虫食卵。因此，网上的饲料不可太厚，否则成虫会将卵产到网上的饲料中。目前黄粉虫卵的收集方式有两种，一种是利用养殖箱接卵，另一种是用接卵板接卵。

1. 利用养殖箱接卵

首先，在养殖箱底部垫上白纸（接卵用，又称接卵纸），撒上一层薄薄的麸皮（约 4 毫米厚）。然后，将产卵隔离筛摆在养殖箱上放好。最后将成虫倒在产卵隔离筛上，此时，成虫食用块状饲料。补充水分时，把白菜、瓜果切成条状放入。收卵时，提走产卵隔离筛，然后取出养殖箱底部白纸。一般接卵纸 2~3 天换一次，换下的麸皮、虫卵放入饲养器具中，经 7~10 天便可自然孵化出幼虫。

2. 用接卵板接卵

接卵板一般用三合纤维板制成,其尺寸应略大于产卵隔离筛或与其基本相同。接卵时,产卵板上垫一张大小适宜的白纸,然后在产卵隔离筛与白纸之间均匀撒满麸皮。为防止黄粉虫将卵产在饲料上,在产卵隔离筛上放些颗粒饲料和叶菜。此种方法,可减少养殖箱的用量,节约成本,但要注意接卵板与产卵隔离筛之间不要留空隙,以免板上的卵和饲料从缝隙中溢出。

黄粉虫成虫有向下产卵的习性。产卵时伸出产卵器穿过纱网孔,将卵产在基质(麦麸等)中。因此,产卵盒内的产卵基质不可太厚而贴近筛网,否则成虫会将卵产到网上的基质中,发生食卵现象而影响繁殖。

收集接卵纸时必须轻拿轻放,不能直接触动卵块饲料。次序是先换接卵纸,再添加饲料麸皮。同一天换下的接卵纸(或板)可按水平重叠放在一起放入养殖箱中,并标注日期,一般叠放 5~6 层为宜。

黄粉虫卵的保存过程中要注意保存环境的温湿度,并防止螨害、蚁害。黄粉虫卵的孵化受温度、湿度的影响较大,一般随温度的升高,卵期缩短。当温度在 25~30℃时,卵期 5~8 天;当温度为 19~22 ℃时,卵期为 12~20 天,温度在 15℃以下时,卵很少孵化。

(五)卵的孵化

刚产出的黄粉虫虫卵为晶莹米白色,椭圆形,一面略扁平,有光泽,将要孵化时逐渐变为黄白色。黄粉虫卵长 1~1.5 毫米、宽 0.3~0.5 毫米,肉眼一般难以观察,需用放大镜才能清楚地看到。虫卵一般群集成团状散于饲料中,卵壳较脆,极易破碎,卵面被黏液沾着的饲料或粪沙等杂物包裹起来，起到保护作用。黄粉虫卵孵化期的长短与温度高低及湿度大小有很大关系。在温度为25~32℃、湿度为65%~75%、麦麸湿度15%左右时，7~10天就能孵化出幼虫。刚孵化的幼虫十分细软，尽量不要用手触动，以免使其受到伤害。在温度低于15℃时卵很少孵化。

孵化时，将接卵纸置于另一个标准养殖箱中，做成孵化盘。先在标准养殖箱底部铺设一层废旧纸张（如报纸、纸巾、包装用纸等），上面覆盖1厘米厚麸皮等基质，在基质上放置第一张接卵纸；在第一张接卵纸上，再覆盖1厘米厚基质，中间加置3~4根短支撑棍，上面放置第二张接卵纸；如此反复，每盘中放置4张卵卡，共计40 000~60 000粒卵。然后将孵化盘置于孵化箱中或置于温度、湿度条件适宜卵孵化的环境中，1周后取出，进入幼虫培养阶段。

如用接卵板采卵，应将同一天换下的产卵板按顺序水平重叠在一起，放入幼虫饲养盘中标注日期，一般以叠放5~6层为宜，不可叠放过重以防压坏产卵板上的卵粒。有卵粒的产卵板在适宜温度放置6天左右待卵孵出幼虫时，把产卵板上的幼虫连同麦麸一起轻轻刮下，盛放于幼虫饲养盘中进行正常饲养。

（六）影响黄粉虫繁殖能力的主要因素

黄粉虫繁殖能力在黄粉虫养殖是衡量黄粉虫繁殖工作好坏的重要标志。生产实践中，影响黄粉虫繁殖力的因素有很多，如年龄、品种、营养、环境卫生及疾病。在实际工作中应切实做好黄粉虫的选育，搞好环境卫生，科学配制饲料，做好疾病防治工作，从而提高黄粉虫的繁殖能力。

1. 成虫发育日龄

黄粉虫成虫的发育日龄明显地影响其繁殖性能。黄粉虫成年雌虫随着年龄的增长，产卵量逐渐提高，其产卵高峰一般在羽化第2~30天，其后产卵量逐渐下降。除个别育种需要外，一般黄粉虫成虫到1个半月龄以上即应淘汰。

2. 品种

昆虫的繁殖力受遗传的影响，黄粉虫品种的好坏直接影响其繁殖能力。目前黄粉虫在遗传杂交品种优化时，不同养殖环境下的黄粉虫种群进行杂交，也可得到优势互补的效果，也能在一定程度上获得生长发育较快、繁殖系数提高的黄粉虫。

在用异地同种的黄粉虫进行种群优化时，选取个体大、产卵多、无病、色泽黄亮和健康活泼的老熟幼虫进行杂交育种，这样也能使不同地域的黄粉虫优势互补，得到个大、高产和抗病力强的优良后代。

在亲本选配上挑选健康、强壮的黄粉虫和黑粉虫优势个体，通过基因重组使杂交后代得到互补。由于黄粉虫具有生长快、繁殖系数高、蛋白质含量高等特点，而黑粉虫有生长周期长、饲养成本高、营养成分比较全面等特点，将黄粉虫与黑粉虫进行杂交育种后，就可得到优势互补的功效，能使黄粉虫获得生长发育较快、繁殖系数高并且营养丰富的杂交后代。用黄粉虫作父本（或母本）与黑粉虫作母本（或父本）进行杂交2个世代后，黄粉虫和黑粉虫的杂交后代会表现出一定的性状分离。从外部形态上来观察，以黑粉虫作母本，黄粉虫作父本，杂交后代中黑粉虫的比例偏大，个体性状表现大多接近于黑粉虫的性状特征。以黄粉虫作母本，黑粉虫作父本，杂交后代中黄粉虫的比例偏大，个体性状表现大多接近于黄粉虫的性状特征。杂交后黄粉虫的个体生长较快、个体较大，与正常个体有显著差异。杂交后的蛹个体也较大，在幼虫期表现为黑粉虫的杂交种化蛹较早，蛹体较宽，而且成虫的性状表现介于黄粉虫和黑粉虫之间，鞘翅的颜色不是很黑，近于褐色，亮泽适中。

3. 饲料营养水平

饲料的营养水平是否适当对黄粉虫成虫的内分泌腺体激素合成和释放将产生影响。实践证明，黄粉虫只有在摄取足够的营养后才能正常产卵，营养水平过高或过低对黄粉虫的繁殖均将产生不利的影响。当饲料中营养水平过低或饲料供给不足时，黄粉虫会出现生产性能减退，甚至吃卵的现象。营养水平过高，可使黄粉虫成虫体内脂肪沉积过多，影响繁殖。以单种饲料进行试验时，用面粉（或麦麸）饲喂的成虫寿命最长，平均产卵300多粒；以大豆粉饲喂的寿命稍短一些，平均产卵250粒左右；而以面团饲喂的寿命最短，平均产卵200多粒。若添喂马铃薯或胡萝卜等淀粉含量高的食料，成虫寿命相应要延长一些，产卵量也会增加1/3左右。在产卵期，给成虫投喂优质配方的饲料，提供足够的营养，可延缓成虫衰老，延长产卵期，提高产卵量。由此可见，提供适宜的饲料可对种群优化起到积极的作用。种虫应从幼虫期加强营养和管理，特别在成虫期，饲料中可添加蜂王浆等可刺激繁殖产卵。勤喂蔬菜，适当增加复合维生素，维持最佳的环境温度、湿度，保持适宜的密度，经常清理虫粪等也能提高黄粉虫种的质量和增加产卵量。另外，黄粉虫取食了发霉的饲料常会引起严重的繁殖障碍。

4. 环境因素

黄粉虫的繁殖机能与温度、湿度、噪声及其他外界因素均有密切的关系。

环境温度对黄粉虫的繁殖有较为明显的影响。实践证明，温度过高，成虫的寿命也随之缩短，在 20℃时雌虫、雄虫平均寿命分别为 65 天、61 天，在 35℃分别为 30 天、27 天。黄粉虫产卵的最低临界温度为 15℃，随着温度的上升，黄粉虫产卵率的变化趋势为：20~30℃时产卵较多；33~35℃时成虫很少产卵，平均产卵量仅为 5 粒。

环境湿度较低时，可使部分已抱卵的雌虫不能正常产卵；一些在卵内已完成发育的幼虫不能孵化；一些在蛹壳内已形成的成虫不能羽化；一些已羽化的成虫不能正常展翅。这主要是因为偏低的湿度使虫体水分消耗较多，在虫体内不能形成足够的液压，而对黄粉虫的产卵、孵化、蜕皮、羽化和展翅等发生不利的影响。

不同的光照时间对黄粉虫成虫的产卵量也有较大的影响。成虫在自然光照较弱条件下，产卵量多、孵化快、成活率高。若遇强光长期连续照射，则会向黑暗处躲避，若无处躲避则会出现产卵减少、繁殖力降低，导致种群退化。

黄粉虫对磁场有一定的反应感知能力，它不需要光照也能感觉到磁场的方向。磁场的强弱对黄粉虫的生长发育有一定的影响，适宜的磁场强度有助于幼虫体重增长及成虫产卵量的增加。若将黄粉虫长期置于较高强度的磁场中，其繁殖能力会明显下降。有个爱听广播的养殖户经常将收音机放在离他较近的虫筛中，1 个多月后发现这个筛中的虫卵数量比其他卵筛中少了很多。所以，在饲养中不可将含有磁铁的物质长期靠近成虫，以免影响其产卵量。

（七）黄粉虫的良种选育与培育

在黄粉虫养殖业中，品种对生产影响巨大。由于长期人工饲养和近亲繁殖及其他因素，许多人工饲养中的黄粉虫都出现了种质差和种质退化的问题。因此对黄粉虫进行专门的选育和培育是十分必要的。

1. 种质退化的原因及其表现

黄粉虫在长期的人工养殖过程中，因近亲繁殖、温湿度不适、投喂饲料和养殖方法不当等原因，都会逐渐导致品种退化问题。黄粉虫种质退化表现为抗病力下降，幼虫生长缓慢，个体较小，蛹的质量下降或提前化蛹并腐烂易坏，成虫的生命缩短，产卵减少，繁殖力降低，虫卵的孵化率低和成活率不高等。

2. 良种选育的理论数据

（1）外部形体数据

体色、体长、直径、体重、整齐度。

（2）繁殖数据

产卵量、孵化率、化蛹率、病残率、羽化率，各龄期幼虫成活率。

（3）生产性能数据

饲料转化率、幼虫出干率、蛹出干率、各虫态含水量、各虫态蛋白含量、老熟幼虫脂肪含量、老熟幼虫甲壳素含量。

（4）抗逆性能

抗病力等。

3. 纯种选育

（1）纯种选育的概念和作用

纯种选育是在品种内部对黄粉虫雌雄虫进行选种选配、品系繁育和改善培育条件等措施繁育后代，以提高品种性能的一种方法。其基本任务是保持和发展一个品种的优良特性，增加品种内部优秀个体的比例，克服和改进该品种的某些缺点，从而达到保持品种的纯度和提高品种质量的目的。

黄粉虫是小动物，易受遗传漂变、突变、自然选择作用的影响，加之生活周期短、饲养管理条件差，优良性状基因的频率就会降低，甚至消失，品种就会退化。任何一个品种不可能十全十美，为了保持和发展其优良性能，并克服某些缺点，科学进行黄粉虫的纯种选育十分必要。

任何一个品种的基因型都不会绝对一致，尤其是性能优良的高产品种，受人工选择影响大，性状的变异范围广。品种内个体基因型的差异是构成纯种选育的基础。

（2）纯种选育措施

①建立选育机构。成立黄粉虫育种领导小组和选育协作小组，进行品种的调查研究，确定选育方向，制订选育目标、选择标准，并制订统一的选育实施计划。

②建立选育核心群和繁育体系。建立核心群是纯种繁育的关键措施，选择体质健壮、遗传性能优良、品质好的种虫组建核心群，通过系统的选育工作，繁育大量的优良纯种黄粉虫，并推广到良种繁殖场，扩大良种数量，供应生产场。

③健全性能测定制度。根据通用的有关技术规定，准确、及时做好黄粉虫各性状的性能测试工作，并做好记录，设专人负责种虫的档案管理，为选种、选配提供依据；并建立良种登记制度。

④严格选种选配。选种选配是纯种选育的主要手段，选种时针对品种各性状的具体情况，采用合理的选择方法选留种虫。选配上依据选育目标和计划，采用不同的选配方式，核心群繁育可采用适当程度的近交。

⑤开展品系繁育。以品系繁育带动品种选育，根据品种各性状的特点、育种群和育种场地等具体条件，采用不同的建系方法，建

立几个品系，每个品系具有本品种一个或几个性能突出的性状。

⑥加强饲养管理。性状的表型是遗传和环境共同作用的结果，只有在适宜的环境条件下，黄粉虫遗传性状的潜力才能发挥出来。良种良养，满足营养需要，改善饲养条件，加强管理，做好防疫工作，保证纯种选育工作的正常进行。

4. 品系繁育

品系是指具有一群生产性能优秀突出，表现一致整齐，并能稳定遗传的种用类群。品系可在品种内部选育形成，作为构成品种结构的单位，也可通过杂交培育。品系可分为单系、群系、近交系、专门化品系和地方品系。作为品系必须具备三个条件：一定数量的个体、突出的优点、遗传稳定。品系的主要作用在于加速现有品种的改良，促进新品种的育成和充分利用杂种优势。

（1）品系繁育的方法

品系繁育的方法大致可分为系祖建系法、近交建系法和群体继代选育法三种。

①系祖建系法。系祖建系过程就是选择和培育系祖及继承者，合理应用近交或同质选配，扩大高产基因频率，巩固优良性状并使之成为群体共性的过程。首先从黄粉虫群中准确选出或培育出系祖，系祖必须是具有某些（种）性状突出的优秀个体，性状的遗传性稳定，其他性状不得低于群体平均水平，允许次要性状有不严重的缺点，且无有害隐性基因。可采用后裔测定和同胞测定来证实系祖的优良性状及遗传稳定性。系祖选择可采用育种值来选择，系祖最好是雄虫，也可是雌虫。选配的雌虫性状表型与系祖相似，并与系祖没有亲缘关系，实行同质选配，与配雌虫的数量不宜多。为了巩固和加强系祖的优良性状，必须加强后代的培养和选择工作，只有完整继承了系祖优良性状的个体才能作为选育群，并从中选出最

优的个体作为系祖继承者。实际选育工作中可多留后备种虫，提高选择强度，并通过后裔鉴定了解优秀个体的遗传性，选出可靠的继承者。每一代种虫的选留朝系祖方向选择，同时消除系祖的缺点，使品系获得提高；每一代均采用同质选配，中等程度的亲缘选配，后期可采用高强度近交，当出现衰退现象时，应立即停止。

②近交建系法。近交建系就是选择一定数量符合育种要求的优秀雌雄种虫组建基础群，采用高度近交如全同胞、半同胞交配，获得优秀性状基因迅速结合的后代，形成近交系。由于近交发生衰退，使黄粉虫的繁殖力、生活力和生产性能下降，需要大量淘汰。因此，建立近交系需要大量原始材料，组建基础群时种虫应为具有相同选育性状的优秀个体，无有害隐性基因，雌雄种虫最好为来自经性能测定的同一家系。近交建系过程中，最初四代不加选择，任其分离，待分化出不同的结合子时，再按选育目标选择。若受条件限制，不能大量扩群时，采用随机选留，选择时不宜强调生活力。另外，不能放松选种，一旦发现所要求的优良性状组合体时，立即选出，大量繁殖，以加速近交系的建立。

③群体继代选育法。选择性能优秀的雌雄种虫组建基础群，然后封闭黄粉虫群，在这闭锁小群体内逐代选种选配，使整个群体性能不断提高，趋于一致，遗传稳定，经过几代的闭锁繁育和严格的选育形成品系。

（2）不同黄粉虫群类型建系具体应用

品系建立事先必须有明确的建系目标，建系过程中不要随意变更目标。从生产市场、自然条件的实际情况出发，对现有黄粉虫群进行调查分析，掌握个体性状的特点，并注意性状间的相关性，选择优良个体按类分群，不同类型的黄粉虫种群运用不同的建系方法。

①同一类群优秀个体多且有亲缘关系。表明黄粉虫群有共同的

特点和来源，其遗传性较稳定，已基本符合品系条件，以后的工作注意选择选配，扩大优秀个体的数量，采用家系选择和同质选配，使优秀性状巩固和提高。

②同一类群优秀个体多但无亲缘关系。黄粉虫群具有建系的良好材料，选择符合要求的个体组建基础群，采用群体继代选育法建系，应用同质选配，将优良基因集合，并稳定其遗传性。

③同一类群优秀个体数量少。分析优秀个体的基因型若确实为优秀基因型可采用系祖建系或近交建系。

④群体中缺乏全面优秀个体。群体中缺乏各优良性状集一身的黄粉虫群，群体内各个体分别具有一个或几个优良性状，可选择具有不同优良性状的个体组建基础群，采用群体继代选育法建系，应用异质选配或随机交配。

（3）品系维持

品系育成后，最终目的在于选育提高和推广应用，必须做好保系工作防止新品系退化。其具体措施有：扩大黄粉虫群数量，控制近交系数上升，各家系等量留种，多建立家系，延长世代间隔。

5. 杂交育种

杂交育种是黄粉虫育种工作的重要组成内容，它包括应用杂交改良黄粉虫品种和通过杂交育成新品种两个方面。通过杂交提高黄粉虫生产水平，通过杂交导入新的基因，培育出适应性广、抗逆性强、饲料报酬高和生产新型产品的黄粉虫品种，对于促进黄粉虫养殖业的发展具有重要作用。

（1）杂交改良

杂交改良指通过不同种群间的个体选配改良黄粉虫品种，提高黄粉虫品质。杂交改良分导入杂交和级进杂交。

①导入杂交。导入杂交又称引入杂交，指某个品种或类群的品

质能基本满足生产要求，但还存在某种缺点或某个重要经济性状需要在短期内提高，靠本品种（类群）选育难以达到目的，需要引入外血来改良。其目的是改良该品种的某种缺陷，保持优良特征，不改变其生产方向。导入杂交的方法为选择与原品种生产方向一致，针对原品种缺点性状具有显著优势的优秀雄种虫，与原品种雌种虫杂交，在杂交后代中选择优秀个体与原品种回交 2 次，使外来品种血缘含 1/8，停止回交，进行杂种黄粉虫的横交，固定优良性状。

②级进杂交。级进杂交又称改良杂交，当某个品种生产性能不能满足生产要求，需要被彻底改进时用的方法，它是用优良品种改造低生产力品种的一种最有效方法。级进杂交的方法为选择改良品种的优秀雄虫与被改造品种雌虫交配，选择优秀的杂种雌虫与改良雄虫连续回交 3~4 代，使改造品种的"血统"占 7/8 或 15/16，被改造的黄粉虫"血统"仅占 1/8 或 1/16，停止回交，让含这种"血缘"的杂种黄粉虫自群繁殖。

（2）育成杂交

育成杂交就是运用两个或两个以上品种创造新的变异类型，通过育种手段将优良性状基因固定下来，培育新品种、新品系的方法。可分为简单育成杂交和复杂育成杂交两类。简单育成杂交指通过 2 个品种的杂交，以培育新品种的方法。复杂育成杂交指通过 3 个或更多品种的杂交，培育新品种的方法。

育成杂交的步骤可划分为 3 个阶段：第一阶段为杂交创新，选择品种，采用 2 个或 2 个以上的品种进行杂交，创造新的优良性状基因的组合，以改变原有黄粉虫类型，创造新的理想型。第二阶段为横交固定，选择优秀的杂种黄粉虫进行自群繁育，使优良性状基因尽快稳定，采用同质选配或近交，建立品系以巩固遗传的稳定性。第三阶段为扩群提高，在第二阶段已定型的类群扩大数量，并进一步提高质量，健全品种结构，加强选配工作，使黄粉虫新类群达到品种要求。

杂交育成应注意：首先，慎重选择符合要求的品种和个体；其次，对杂种后代严格选择，给予适宜的饲养条件，使遗传基因充分表达；第三，抓紧理想型固定工作，选择优秀的符合育种目的的个体，适当地近交建立品系，固定理想型；第四，积极繁殖理想个体，扩大新品种的数量，防止退化，并大力推广新品种（系）。

（3）经济杂交

经济杂交是指使用不同品种或品系进行交配，利用杂种优势，提高经济性能的杂交繁育方法。杂交后代整齐均匀，生活力强，生长速度快。经济杂交广泛应用于商品生产，它是工厂化、集约化和规模化黄粉虫场的重要环节。首先，进行配合力测定，并不是所有品种（系）间杂交都有优势，只有经过配合力测定，发现配合力强、杂种优势明显的品种。其次，选择杂交亲本，用于杂交的父本和母本要有差异。杂交父本应是生长速度快、饲料利用率高的品种或品系，并且是与杂种所需类型相同的品种；杂交母本要选择繁殖力高、母性好、本地数量大的品种或品系。第三，杂交亲本的选优提纯，通过选择和近交，使亲本种群中重要经济性状结合子基因型频率增加，减小个体间差异，选择优秀结合基因型个体用以杂交，提高杂种优势。

①单杂交。采用两个品种或品系杂交，杂交一代全部作经济利用。该方法优点是杂交方式简单，选择亲本时只需要做一次配合力测定即可。缺点是不能充分利用杂种雌虫在繁殖力方面的杂种优势。

②三元杂交。先用两个品种（系）杂交，杂交一代雌虫再与第三个品种（系）的雄虫杂交，杂交二代全部作经济用途。该方法的最大优点是利用了杂种雌虫在繁殖性能上的杂种优势。

③双列杂交。先用四个品种分别两两杂交，然后再用两种杂种

进行杂交，杂交后代作经济用黄粉虫群。该方法的优点在于充分利用杂种雌雄种虫的杂种优势。

④轮回杂交。采用两个或更多个品种间轮番杂交，杂种雌虫继续繁殖，杂种雄虫商品用。

6. 培育品种的生产管理

优良品种的繁殖应与生产品种繁殖分开。优良品种的繁殖温度应保持在 25~30℃，相对湿度应在 60%~75%。优良品种的成虫饲料应营养丰富，组分合理，即要求蛋白质丰富，维生素和无机盐充足。必要时还应加入蜂王浆，促进其性腺发育，延长成虫寿命，增加产卵量。大群体的成虫雌雄比基本保持 1∶1 的比例。成虫寿命一般为 60~185 天，若管理良好，饲料配方合理，可延长成虫寿命，每头产卵量可增加到 650 粒以上。

五、黄粉虫的营养与饲料

（一）黄粉虫的营养需要

黄粉虫和其他动物一样具有摄食、消化、吸收营养物质和排泄废物，以及呼吸、体液循环、维持体温、机体运动等机能活动。在这些机能活动过程中，机体需不断地分解营养物质，以产生生命活动所需要的热能。各种饲料中的营养物质主要包括能量、蛋白质、脂肪、甾醇碳水化合物、维生素、矿物质和水等。这些营养物质对有机体的生长、发育、繁殖和恢复及有机体对物质和能量的消耗，都是不可缺少的。其中，水是生命活动的基本要素；蛋白质、脂肪和碳水化合物是机体能量的来源；甾醇矿物质和维生素是维持生命所必需的物质。饲料中这些物质是黄粉虫生长、发育和繁殖所需营养成分。黄粉虫正是靠不断地从吃进饲料，从饲料中补充营养，又不断地随着机体活动的需要将之分解供能，这样周而复始地进行着新陈代谢，维系机体的生命活动。提高黄粉虫的繁殖力和生产性能，也必须有足够的营养物质。如缺乏某些营养，则雄虫产生精子的量少，精子活力低；雌虫卵巢发育受阻，导致产卵量降低。即便是优良品质的黄粉虫，在不良的营养条件下，也会逐步退化。

1. 能量

能量是物质的一种形式。能量不能创造，也不能产生，只能从一种形式的能量转换成另一种形式的能量。能量在各种营养成分中是最重要的，各种营养成分的需要量都以能量为基础。黄粉虫的各种生命活动都需要能量，如维持生命供养系统如心与肌肉的活动、组织的更新、生长形成体组织等，能量多余时则以脂肪的形成贮存于体内，使黄粉虫变肥。能量是黄粉虫饲料营成分中用需要量量最多的营养成分，也是缺口最大的资源。

　　黄粉虫的能量来源于饲料中的碳水化合物、脂肪和蛋白质等三大营养成分。这三大营养成分在测热器中测得的能量平均值为：碳水化合物 4.15 兆卡 / 千克，脂肪 9.40 兆卡 / 千克，蛋白质 5.65 兆卡 / 千克。碳水化合物和脂肪在体内氧化所产生的热量与测热器中测得的热量相同，但蛋白质在体内不能充分氧化，每千克蛋白质在体内氧化比测热器中测得的热量少 1.3 兆卡。碳水化合物为主要能源，原因其在于常用植物性饲料中含量最高，来源丰富；脂肪含量较少；蛋白质作能源代价昂贵，且在机体内不能完全氧化，氨基酸脱氨产生的氨过多，对机体有害。

　　在营养学中常以热量的计量单位衡量能量。以"千卡"表示，即 1 千克水在 1 个大气压下从 14.5℃升温到 15.5℃所需要的热量。在生产中为计算方便，常用千卡或兆卡表示。近年来，国际营养科学协会及国际生理科学协会认为应以能量的衡量单位焦耳表示。一些欧美国家都采用焦耳为饲养标准的能量单位。

2. 蛋白质与氨基酸

　　蛋白质是由氨基酸组成的一类数量庞大的有机物质的总称，是一切生命活动的物质基础。蛋白质是组成黄粉虫机体的主要成分，在其生命活动中起着决定性的作用。

　　蛋白质是黄粉虫机体组织细胞的基本原料，占机体的15%~21%。黄粉虫机体的最小生命活动单位——细胞（包括细胞膜、细胞质和细胞核）及细胞间各种纤维的主要成分均为蛋白质。新陈代谢过程中一些起特殊作用的物质，如酶、激素、色素和抗体等也主要是由蛋白质构成。黄粉虫在生命活动过程中增长新的组织、补充旧组织、修复疾病性损伤等都需要蛋白质。蛋白质还可以替代碳水化合物和脂肪产热，充当能源物质，但碳水化合物和脂肪不能替代蛋白质的作用。在饲料中碳水化合物、脂肪不足或蛋白质有余时，蛋白质还可氧化产生能量而满足机体对能量的需要。

尽管蛋白质的化学成分、物理特性、形态、生物学功能等方面差异很大，但这些蛋白质都是由 20 多种不同的氨基酸构成的，因此说氨基酸是构成蛋白质的基本单位。这些氨基酸按动物的营养需要，通常可分为必需氨基酸和非必需氨基酸。所谓必需氨基酸指黄粉虫体（或其他脊椎动物）不能合成或合成速度不能满足机体需要，必须由食物蛋白供给的氨基酸。必需氨基酸约有 10 种：精氨酸、组氨酸、异亮氨酸、亮氨酸、赖氨酸、蛋氨酸、苯丙氨酸、苏氨酸、色氨酸和缬氨酸。非必需氨基酸则是指动物体内合成量多或需要量小，不经饲料供应也能满足正常需要的氨基酸。

当机体缺乏蛋白质时，黄粉虫表现为生长缓慢、缺乏活力、蜕皮困难、抗病力降低，易发生感染而导致死亡等。成年雌种虫则表现为产卵量低、受精卵受精率低等。

饲料蛋白质的营养价值主要由饲料中必需氨基酸的组成和含量所决定，即饲料中必需氨基酸含量和各氨基酸的比例越接近黄粉虫机体的蛋白质必需氨基酸的组成和含量，其饲料蛋白质的营养价值就越高。生产实践中，要根据黄粉虫的生长和生理阶段有目的地选择蛋白质饲料，进行合理搭配，使饲料中氨基酸起到互补作用，提高蛋白质的营养价值，降低饲料成本。

3. 脂肪

脂肪是饲料中粗脂肪的主要成分。经化学方法分析，饲料中的粗脂肪除脂肪外，还有油和类脂化合物。脂肪是能量贮存的最好形式。单位重量的脂肪含热量高，且同等重量的脂肪比碳水化合物所占的体积要小得多。所以，当黄粉虫摄入的能源物质超过需要量时，黄粉虫机体将剩余的营养物质转为体内，以便在营养缺乏时分解产能，满足机体的需要。脂肪是机体的重要组成成分之一，参与细胞构成和修复。脂肪是细胞膜的重要成分，缺乏时细胞膜的脂质双层结构会被破坏。同样，受损细胞的修复、细胞的增殖、分裂也需要脂类的参与才能顺利进行。脂肪作为有机溶剂，直接影响脂溶性维生素的吸收。此外，黄粉虫体内贮备的脂肪还具有防御寒冷，减缓震动和撞击等作用。

4. 甾醇（固醇、胆固醇）

固醇类是昆虫生长、发育和繁殖必不可少的营养成分，除部分虫种可由其共生生物提供外，一般昆虫不能在体内自行合成，需要从饲料中取得胆固醇，或者将食物中其他的固醇类（如植物性固醇）转变为胆固醇。甾醇对昆虫形成组织结构是必需的，又是蜕皮激素的原料，缺乏固醇会导致黄粉虫对病原物的抵抗力减弱。

5. 碳水化合物

碳水化合物是一类含碳、氢、氧三种元素的有机物，广泛存在于植物体中，主要包括葡萄糖、蔗糖、淀粉和纤维素等。碳水化合物对黄粉虫的主要作用是供给能量和帮助脂肪氧化。在人工养殖黄粉虫过程中，如果碳水化合物供给不足，会使部分蛋白质转化为能量，造成饲料中粗蛋白质利用率下降，或者动用贮备的脂肪，引起体重下降。反之，如果饲喂大量含碳水化合物的饲料，过剩的糖类在体内可转变为脂肪蓄积起来。

6. 维生素

维生素是黄粉虫维持生命、生长发育、正常生理机能和新陈代谢所需的一类低分子化合物。维生素存在于各类饲料或食物中，但含量很少。维生素不能由动物合成或合成的数量不能满足动物所需，必须由日粮供给。它既不是能量的来源，也不是构成机体组织的主要物质，但维生素的作用具有高度的生物学特性，是正常组织发育以及健康生长、生产和维持所必需的。在日粮中维生素缺乏或吸收、利用维生素不当时，会导致特定缺乏症或综合征。所以，维生素在黄粉虫的营养上的重要性并不次于蛋白质、脂肪、碳水化合物和矿物质等。

按传统的分类法，根据维生素的溶解性不同可将维生素分为脂溶性维生素与水溶性维生素两类。前者包括维生素 A、维生素 D、维生素 E、维生素 K，后者包括维生素 B 组（族）与维生素 C。脂溶性维生素不溶于水，而能溶于脂肪或脂溶剂（如苯、乙醚及氯仿等）中，可在动物有机体内有相当量的贮存。水溶性维生素是指能溶于水的一类维生素，水溶性维生素必须每日从体外获得。

维生素多是辅酶或辅基的成分，参与昆虫体内的生物化学反应，如果缺乏某种维生素，会使某些酶失去活性，导致新陈代谢紊乱而生长发育不良，甚至引起疾病。实践证明，在黄粉虫饲料中添加适量的饲用符合维生素可显著提高幼虫的成活率和成虫的产卵量及寿命。

7. 矿物质

黄粉虫体组织中几乎含有自然界存在的各种元素，而且与地球表层元素组成基本一致。在这些元素中，已发现有 20 种左右的元素是构成黄粉虫体组织、维持生理功能、生化代谢所必需的。其中除碳、氢和氮主要以有机化合物形式存在外，其余的通称为矿物质（无机盐或灰分）。为便于研究，将其中占黄粉虫体中含量占体重 0.01% 以上的矿物质元素称为常量元素，黄粉虫体中含量占体重 0.01% 以下的元素称为微量元素。常量元素有钙、磷、钾、钠、氯、镁、硫等，微量元素有铁、硒、铜、锌、钴、锰和碘等。

矿物质在黄粉虫体内多以无机盐的形式存在，也是多种酶系统的重要催化剂，如果缺少某种矿物质元素或元素之间比例不均衡或过量供给某种元素，有可能引起多种疾病。黄粉虫体内的矿物质主要来源于饲料，因此饲料中的矿物质含量直接影响黄粉虫体内矿物质的含量。在人工养殖条件下，应注意适量添加矿物质，并注意各矿物质元素之间的平衡。另外，由于黄粉虫对微量元素有一定的富集能力，可以通过在饲料中适量添加铁、锌、硒等微量元素，提高黄粉虫产品的保健价值。

8. 水

水是黄粉虫必不可少的营养物质之一，在黄粉虫的生命活动中具有非常重要的作用。

水是黄粉虫机体的重要组成部分，黄粉虫体的主要组成成分是水，机体各组织细胞内及细胞间都含有水分。水有调节渗透压和表面张力的作用，这使细胞膨大、坚实，以维持组织、器官的形态、硬度及弹性，使黄粉虫体维持正常形态。水是一种理想溶剂，机体的各种生物化学反应、机能的调节及整个代谢过程都需要水的参与才能正常进行。

黄粉虫有耐干旱的习性，但正常的生理活动没有水分是不能进行的。黄粉虫一般不直接喝水，其获取水分的途径主要是通过取食饲料，所以在饲料中不需要直接给水。一般取食含水量较多的食物时，虫体含水量较高，体表湿润发亮；而取食含水量较少的食物，虫体含水量较低，体表较为暗淡一些。另外，黄粉虫还可利用新陈代谢通过体壁或卵壳从环境中吸收水分。黄粉虫散失水分的途径主要有通过消化、排泄系统和外分泌腺排出，通过呼吸系统的气体交换作用而失水，通过体壁失水等。黄粉虫对水分的调节是通过虫体结构、生理和行为活动等方式，如黄粉虫的体壁构造具有良好的保水机制，消化道后肠中的直肠段可以回收食物残渣和排泄物水分，也可以通过气门的开闭或改变栖息场地等调节体内水分。

黄粉虫不怕干燥，能在含水量低于 10% 的饲料中生存，但湿度太低时体内水分过分蒸发，因而生长发育慢，体重减轻，饲料利用率低，所以最适宜的饲料含水量为 15%，室内空气湿度为 70%。但当饲料含水量达 20% 以上、室内空气湿度为 85% 时，黄粉虫不但生长发育减慢，而且容易生病，尤其是成虫更怕过度潮湿，会因此生病死亡。

（二）黄粉虫的常用饲料及其营养成分

凡对黄粉虫无毒害，能被黄粉虫采食而能得到营养的物质叫作饲料。饲料是黄粉虫维持生命、生长发育、繁殖的物质基础。按饲料的营养特性将饲料分为蛋白质饲料、精饲料、粗饲料、青绿饲料、多汁饲料和添加剂等几大类。

1. 蛋白质饲料

凡粗纤维含量低于 18%，粗蛋白含量不低于 20% 的饲料称为蛋白质饲料。蛋白质饲料是黄粉虫饲养生产中的主要饲料之一，主要来源有植物蛋白、动物蛋白和单细胞蛋白饲料三大类。

（1）植物蛋白饲料

植物蛋白饲料是蛋白质饲料中使用最多的一类。植物蛋白饲料主要包括豆科籽实、油籽饼（粕）类和其他制造业的副产品。植物蛋白饲料粗蛋白含量高，蛋白质中的必需氨基酸含量也较平衡，故蛋白质的利用率高于谷类饲料蛋白质的利用率；无氮浸出物含量低；粗脂肪含量因种类、加工工艺不同变化较大；粗纤维含量一般不高，但棉籽饼、葵籽饼、花生饼等粗纤维含量高；矿物质含量与谷类籽实相似，也是钙少磷多；维生素 B 族含量丰富，胡萝卜素含量较少；油籽饼（粕）含有毒素或不良物质，如不脱毒就大量利用，易中毒。

①豆科籽实。按主要营养成分含量特点豆类可分为两大类型。一类是高脂肪、高蛋白质类型，如大豆、黑豆、花生等。另一类是高碳水化合物、高蛋白质类型，如豌豆、秣食豆、蚕豆、箭舌豌豆等。用作饲料的主要是后一类型，前一类型限于黑豆，大豆、花生很少直接做饲料用。

大豆是含蛋白质、粗脂肪高，粗纤维低的高能、高蛋白质饲料，并且赖氨酸含量高，与能量饲料配合使用，可弥补能量饲料蛋白质低、赖氨酸缺乏的弱点。但大豆蛋氨酸含量相对较少，应注意平衡。大豆中存在多种抗营养因子，如胰蛋白酶抑制剂、大豆凝集素、胃肠胀气因子、大豆抗原等。如生喂会造成养分的消化率下降和干扰黄粉虫的正常生理过程。因此大豆应熟喂，且用量不宜大。

蚕豆脂肪含量低（1%~1.6%）、粗纤维含量高（7.5%~8.2%），因而其消化率低于大多数蛋白质饲料。蚕豆粗蛋白含量为24.9%~27.3%，赖氨酸含量较高而蛋氨酸明显不足，总的氨基酸含量不如大豆。因此蚕豆作为黄粉虫的蛋白质补充料，应与其他蛋白质饲料配合使用。

豌豆的养分含量与蚕豆接近，其中粗蛋白略低于蚕豆，粗纤维比蚕豆低。豌豆蛋白质氨基酸组成特点是，赖氨酸含量较高，而蛋氨酸和胱氨酸为限制性氨基酸，作为饲料蛋白质补料时，需与含蛋氨酸多的其他饲料搭配，或添加合成氨基酸。

②饼（粕）类饲料。常用的饼（粕）类饲料有大豆饼（粕）、花生饼（粕）、菜籽饼（粕）、棉籽饼（粕）等，它们是植物性蛋白质的重要来源。通常将压榨法的副产物称为饼，而将浸提法或预压浸提法的副产物称为粕。饼与粕相比，后者的蛋白质和氨基酸略高些，而有效能略低些。

大豆饼（粕）是生产上用量最多，使用最广泛的植物蛋白饲料，饲喂价值在各种饼（粕）饲料中最高。大豆饼含粗蛋白42%，大豆粕为50%左右。大豆饼（粕）必需氨基酸组成相当好，尤其是赖氨酸都较其他饼粕高，适合于黄粉虫后期快速生长的需要。但大豆饼（粕）蛋氨酸相对较低。大豆饼（粕）所含的抗营养因子（与大豆相同）与大豆提取油脂时的水分、温度和加热时间有关。适当的水分和加热时间，有助于消除有害物质，又不破坏蛋白质的营养价值。由于普通加热处理不能完全破坏大豆中的抗原物质，因此饲喂黄粉虫的饼（粕）最好经过膨化处理或控制饼（粕）在饲粮中的适宜比例。

菜籽饼（粕）的蛋白质含量为35%~40%、低于大豆饼和花生饼。其必需氨基酸含量和消化率也稍低于大豆饼（粕）。菜籽饼（粕）粗纤维含量较高，是大豆饼的2倍。菜籽饼（粕）含有的多种抗营养因子（如硫葡萄糖苷及其降解产生的多种有毒产物和单宁等）可严重降低饲料的适口性，可引起胃肠道炎症，降低养分消化率。

棉籽经脱壳取油后的副产品棉籽饼（粕），是重要的植物蛋白饲料资源（如带壳的棉籽饼则属粗饲料）。棉籽饼（粕）的粗蛋白含量略低于豆饼，蛋白质中赖氨酸含量较低，精氨酸含量较高，粗纤维比大豆饼（粕）高，因而有效能值低于大豆饼（粕）。棉籽饼（粕）中含有毒的游离棉酚。

花生仁饼（粕）蛋白质含量38%~44%，比豆饼高3%~5%，粗纤维较低，粗脂肪较高，故有效能值较高。花生仁饼（粕）中精氨酸和组氨酸含量相当多，但赖氨酸（1.2%~2.1%）和蛋氨酸（0.4%~0.7%）含量低。花生仁饼（粕）很容易发霉，特别是在温暖潮湿条件下，黄曲霉繁殖很快，并产生黄曲霉毒素，这种毒素经蒸煮也不能去掉。因此，花生仁饼（粕）必须在干燥、通风、避光条件下妥善贮存。发霉的花生饼不能饲用。

（2）动物蛋白饲料

动物蛋白饲料包括鱼粉类、肉粉、肉骨粉、血粉、血浆蛋白粉、蚕蛹、羽毛粉及乳制品等。动物蛋白饲料蛋白质含量高，多数都在50%以上；必需氨基酸含量较多，蛋白质生物学价值较高；不含粗纤维，消化利用率高；矿物质元素丰富，比例平衡，利用率高；维生素丰富，特别是维生素 B_{12} 含量高；一些动物性饲料含有生长未知因子，有利于黄粉虫生长。所以，品质优良的动物蛋白饲料是补充谷实及糠麸类能量饲料、植物蛋白饲料中重要的必需氨基酸、限制性氨基酸的良好来源，同时也是补充维生素、矿物质和某些生长因子的良好来源。

①鱼粉。鱼粉蛋白质含量高，必需氨基酸多，生物学价值高，并富含丰富的钙磷和各种维生素（特别是维生素 B_{12}），在动物蛋白饲料中占据头等重要地位。鱼粉的种类很多，因鱼的来源和加工过程不同，饲用价值各异。进口鱼粉以秘鲁和智利质量最好。国产鱼粉质量较差，粗蛋白含量多在40%以下，粗纤维含量高，盐分含量也高，饲喂黄粉虫时要注意添加比例，防止盐中毒。进口优质鱼粉外观呈淡黄色、浅褐色，有点发青，有特殊鱼粉香味，不发热，不结块，无霉变和刺激味；蛋白质在62%以上，脂肪小于10%，水分小于12%，盐分和沙含量均不超过1%，赖氨酸4.5%以上，蛋氨酸1.7%以上，真蛋白占粗蛋白95%以上，挥发性氨态氮不超过0.3%。

②肉粉与肉骨粉。肉骨粉或肉粉是以动物屠宰场副产品中除去可食部分之后的残骨、脂肪、内脏、碎肉等为主要原料，经过脱油后再干燥粉碎而得的混合物。屠宰场和肉品加工厂将人不能食用的禽畜碎肉、内脏等处理后制成的饲料为肉粉；连骨带肉一起处理加工成的饲料为肉骨粉。肉骨粉含磷量在4.4%以上，含磷量在4.4%

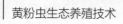

以下的为肉粉。产品中不应含毛发、蹄、角、皮革、排泄物及胃内容物。正常的肉粉和肉骨粉为褐色、灰褐色的粉状物。蛋白质含量在 45%~60%，赖氨酸含量较高，矿物质含量丰富。

2. 精饲料

主要是粮食、油料加工副产品和下脚料，如黄粉虫爱吃的麦麸，还有高粱、玉米、米糠等。一般均可生喂，炒至半熟略带芳香味，更适口，但不能炒焦。

（1）麦麸

麦麸是小麦加工面粉时的副产品，产量大。麦麸的蛋白质含量 15% 左右，必需氨基酸含量也高于玉米，特别是赖氨酸达 0.57%，维生素 B 族含量丰富。麦麸含磷较多，而含钙较少。

（2）玉米

玉米能量高，含粗纤维少，适口性好，易于消化。但蛋白质含量低，仅 8.5% 左右，生产中不能单用玉米喂黄粉虫，必须与品质较好的蛋白质饲料和矿物质饲料等搭配一起喂。玉米粗脂肪含量高（为 4%~5%），亚油酸高达 2%，是谷类籽实中最高者。黄玉米所含的黄色色素，不仅可使配合饲料色泽好看，而且其中的 β–胡萝卜素可转化为维生素 A。

（3）高粱

高粱除消化能稍低于玉米外，营养特性与玉米相似，每千克代谢能含量为 13.807 兆焦，粗蛋白质 9% 左右。但高粱含有较多的单宁，影响了饲料的适口性和养分的消化率。

（4）大麦

大麦的蛋白质含量 11%~12%，品质也较好，赖氨酸、蛋氨酸、色氨酸含量比玉米略高，其粗脂肪含量则较低。严重感染赤霉病的大麦，不仅适口性差，且易导致中毒。

（5）小麦

小麦的综合营养价值高于玉米。如蛋白质含量是禾谷类籽实最高的，必需氨基酸、钙、磷、锰、锌、铁的含量都高于玉米，磷的利用率也高于玉米。

（6）稻谷

稻谷有稻壳，粗纤维含量高，蛋白质含量比玉米略低，消化能也低于玉米，其营养价值仅为玉米的80%~85%，因此占配合饲粮的比例不宜过高。稻谷最好去掉外壳后与蛋白质、矿物质等饲料配合使用。

（7）米糠

稻谷的加工工艺不同，可得到不同的副产物，如砻糠、统糠和米糠。其中只有米糠才属于能量饲料。砻糠由谷壳碾磨而成，含有大量的粗纤维和粗灰分（利用率很低），属于粗饲料，营养价值极低。统糠为稻谷碾米时，一次分离出的含砻糠、种皮及少量的糊粉层、胚和胚乳的混合物，营养价值介于砻糠和米糠之间，也是属于粗饲料。米糠是糙米加工成精米时的副产物，由种皮、糊粉层、胚和少量的胚乳组成，100千克稻谷脱壳可产出米糠6千克。米糠含脂肪高（平均为16.5%），其中油酸及亚油酸占脂肪酸79.2%，故脂肪的营养价值可与玉米相比。

3. 粗饲料

凡是在饲料干物质中粗纤维含量不小于18%的饲料都称为粗饲料。粗饲料主要包括青干草和秸秆类饲料。粗饲料一般特点是：含粗纤维多，适口性差，不易消化。粗饲料包括干草类、农副产品（荚、壳、藤、蔓、秸、秧等）及粗纤维含量大于18%的糟渣类、树叶类等。

（1）果渣

果品经罐头厂、饮料厂、酒厂加工后的下脚料——果渣（果核、果皮和果浆等）经适当加工即可作为黄粉虫的优良饲料。

表 4　果渣的营养成分（干物质）

类别	蛋白质 /%	粗脂肪 /%	粗纤维 /%	代谢能 /（兆焦·千克⁻¹）
苹果渣粉	5.1	5.2	20.0	8.151
柑橘渣粉	6.7	3.7	12.7	6.270
葡萄渣粉	13.0	7.9	31.9	7.106
沙棘果渣	18.34	12.36	12.65	—
沙棘籽	26.06	9.02	12.33	—
越橘渣粉	11.83	10.88	18.75	

（2）糟渣类饲料

本类饲料主要是谷实类籽实淀粉生产过程中和酿酒后的副产品，常见的有粉渣、白酒糟、啤酒糟等。

①粉渣。粉渣干物质中的主要成分为无氮浸出物，水溶性维生素、蛋白质和钙、磷含量少。鲜粉渣含水量高，由于含可溶性糖，粉渣易发酵产酸，且易被腐败菌和霉菌污染而变质，丧失饲用价值。

②啤酒糟。干啤酒糟的营养价值较高，如粗蛋白 20%~32%，粗脂肪 6%~8%，无氮浸出物 39%~48%，亚油酸 3.4%，钙多磷少，粗纤维 13%~19%，鲜啤酒糟含水 80% 左右，易自行发酵而腐败变质。

③白酒糟。白酒糟因原料不同和酿造方法不同，营养价值差异较大。但总的来说，粗蛋白、粗脂肪、粗纤维等成分所占比例比原料相应提高，而无氮浸出物含量则相应降低，维生素 B 族含量较

高。一时喂不完的鲜酒糟应在窖中或水泥地面彻底踩实保存，表层发霉结块部分不能饲喂，以防中毒。

4. 青绿饲料

青绿饲料是指富含水分和叶绿素的植物性饲料，包括作物的茎叶、藤蔓、水生植物、天然牧草和栽培牧草。青绿饲料鲜嫩可口，营养丰富，水分含量高，栽培或野生的陆生青饲料含水分70%~85%，水生青饲料含水分90%~95%，因此，青绿饲料中干物质含量少，营养浓度低。品质较好新鲜状态下，禾本科和蔬菜类饲料含粗蛋白质1.5%~3%，豆科青饲料含粗蛋白3%~5%，按干物质计算，前者粗蛋白含量13%~15%，后者18%~24%，这样的粗蛋白质含量可以满足黄粉虫各个生长阶段对蛋白质的需要。而且青绿饲料蛋白质的品质好，尤其是赖氨酸含量较多，可以弥补禾谷类籽实赖氨酸不足的缺陷。青绿饲料是黄粉虫生产上维生素营养的良好来源，特别是胡萝卜素、维生素B族含量丰富，但缺乏维生素D。青绿饲料中富含黄粉虫所需的矿物质，且钙磷及微量元素比较平衡。另外，青绿饲料含粗纤维少，幼嫩多汁、适口性好、消化率高，是黄粉虫特别喜爱的一种饲料。总之，青绿饲料是一种营养较平衡的饲料。新鲜状态下所含有的各种酶、有机酸能促进养分消化，调节胃肠道pH，消化利用率高，而所含有的生长未知因子，能够促进黄粉虫的生长和繁殖。但新鲜青绿饲料水分含量高，体积大，黄粉虫对其采食有限，再加上青饲料生产受季节限制，供应不稳定。

（1）天然牧草

天然牧草种类主要有禾本科、豆科、菊科及莎草科等四大类。相比之下豆科草的营养价值最高，禾本科虽粗纤维多，但适口性好，尤其是幼嫩时期。莎草科质硬且味淡，饲用价值较低。

（2）人工栽培牧草

主要有禾本科和豆科两大类。与天然牧草相比，人工牧草的粗纤维少，可溶性糖较高，适口性好，粗蛋白质含量较高，因此营养价值更高。常见品种有豆科的紫花苜蓿、红三叶、白三叶、紫云英，禾本科的多花黑麦草等。人工栽培的牧草也应注意适时收割，否则饲用价值降低。

（3）蔬菜类

蔬菜类饲料包括叶菜及块根、块茎和瓜类的茎叶，不少人类食用的蔬菜也可以作饲料。常见的品种有甘蓝、白菜、牛皮菜、苋菜、甘薯藤、甜菜及胡萝卜的茎叶、木薯及南瓜的叶等。该类饲料栽培条件好，在收获适时的条件下，一般质地柔嫩，适口性好，且种类多，可利用时间长，因此在生产上被广泛采用。但该类饲料的水分含量高，鲜样的能值低，应注意控制在饲料中的用量。

（4）水生饲料

常用的水生饲料主要有水浮莲、水葫芦、水花生、水芹和浮萍等。具有生长快、产量高、不占地和利用时间长的优势。但该类饲料水分含量95%左右，营养物质含量低，因而是青饲料中最差的一类。

表5　常见青绿饲料与多汁饲料的营养成分

饲料名称	干物质 /%	粗蛋白 /%	粗脂肪 /%	无氮浸出物 /%	粗灰分 /%
白菜叶	4.7	1.9	0.2	0.4	1.5
甘蓝叶	10.0	1.0	0.2	6.7	0.8
莴苣叶	8.0	1.4	0.6	3.5	0.9
菠菜叶	8.2	2.4	0.5	3.1	1.5
甘薯秧	13.0	2.1	0.5	6.2	1.7
苜蓿	20.7	4.2	0.5	18.7	0.9

（续表）

饲料名称	干物质 /%	粗蛋白 /%	粗脂肪 /%	无氮浸出物 /%	粗灰分 /%
胡萝卜	12.0	1.1	0.3	8.4	1.0
西瓜皮	6.6	0.6	0.2	3.5	1.0
南瓜	10.0	1.0	0.3	6.8	0.7
甜菜	15.0	2.0	0.4	9.1	1.8

5. 多汁饲料

多汁饲料主要指多种瓜果皮类，含水分较多的饲料，宜在夏季高温季节投喂。如南瓜、西瓜皮、叶菜类、甘薯，桃、李、梨等水果皮。

6. 添加剂

添加剂是指在配合饲料时添加的各种微量成分。其目的在于满足黄粉虫生产的特殊需要，如保健、促生长、增食欲、防饲料变质、改善饲料及产品品质、改善养殖环境等，从而提高黄粉虫生产的经济效益。饲料添加剂可分为营养性添加剂和非营养性添加剂。

（1）营养性添加剂

营养性添加剂包括有必需氨基酸、维生素、微量元素等主要用于补充、平衡配合饲粮的营养成分，提高饲料营养价值。

①氨基酸添加剂。在我国，动物蛋白饲料缺乏，而植物蛋白质饲料，尤其是黄粉虫的主要饲料——谷物饲料必需氨基酸含量不平衡，因此需要氨基酸添加剂来平衡或补足。生产中常用的氨基酸添加剂是赖氨酸、蛋氨酸。主要是用来平衡氨基酸的不足。

②维生素添加剂。随着营养科学的发展，各种维生素在动物体内的作用及需要量逐步明确，因此在饲料内添加维生素，得到日益广泛的应用。常用的维生素添加剂有维生素 A、维生素 D、维生素

E、维生素 K 和硫胺素、核黄素、钴胺素、泛酸、叶酸、烟酸等，并多采用复合添加剂的形式（即将几种维生素配合添加）。维生素添加的数量除按营养需要规定外，还应考虑日粮组成、环境条件（气温、饲养方式等）、饲料中维生素的利用率、黄粉虫维生素的消耗及各种逆境因素的影响。

③微量元素添加剂。添加剂的原料是含有这些微量元素的化合物。常用的有碳酸盐、硫酸盐或氧化物类的无机矿物盐。近年来微量元素添加剂已从无机盐发展到有机酸金属螯合物和氨基酸金属螯合物。这些螯合物中的微量元素的利用率都较无机矿物盐高。

（2）非营养性添加剂

包括有抗生素、酶制剂、益生素、酸化剂、离子交换化合物等，主要作用是促生长、保健康和改善饲料品质。常用的有抗生素添加剂、抗氧化添加剂、防霉剂、酶制剂、益生素、酸化剂等。

（三）黄粉虫的饲料配制原则

1. 保证饲料的安全性

配制黄粉虫的饲料，应把安全性放在首位。只有首先考虑到配合饲料的安全性，才能慎重选料和合理用料。慎重选料就是注意掌握饲料质量和等级，最好在配料前先对各种饲料进行检测，也就是要做到心中有数。凡是霉败变质、被毒素污染的饲料都不准使用。饲料本身含有毒物质者，如棉籽饼、菜籽饼等，应控制用量，做到合理用料，防止中毒。要充分估计到有些添加剂可能发生的毒害，应遵守其使用期和停用期规定。

2. 选用合适的饲养标准

目前，黄粉虫的饲养并没有符合黄粉虫生理代谢与生产实际需要的饲养标准。所谓饲养标准是指黄粉虫在适宜的条件下，达到最优生产性能时的最低营养需要量。各厂家及研究单位应积极研究黄粉虫的营养需要，确定适宜的饲养标准。在配制饲料时，以饲养标准作为饲料配方的养分含量依据。配制配合饲料时应首先保证能量、蛋白质及限制性氨基酸、矿物质元素与重要维生素的供给量，并根据黄粉虫的生长发育状况、虫龄、季节等条件的变化，对饲养标准作适当的增减调整。

3. 因地制宜，选择配方原料

配方原料要充分利用当地生产的和价格便宜的饲料，最好是在不降低或不很降低饲养效率和经济效益的前提下，尽量就地取材，物尽其用，降低生产成本。如南方地区的菜籽饼、棉区的棉籽饼、啤酒厂的啤酒糟等。

4. 饲料适口性要好

适口性差的饲料黄粉虫不爱吃，采食量减少。通常影响饲料适口性的因素有味道、粒度、矿物质或粗纤维的多少等。设计配方时应考虑：一要严防有特殊气味、霉变或过粗的原料，以免影响饲粮的适口性；二要根据饲养对象适当添加矫味剂。

5. 饲料要多样化

生产中应根据黄粉虫对各种养分的需要，以及在不同饲料中各种养分的有无、多少进行搭配才合理。使不同饲料间养分互相搭配补充，提高配合饲料的营养价值。但应注意，盲目地追求样数多，搭配后养分并不平衡，效果反而不好。例如，在氨基酸互补上，玉米、高粱、棉籽饼、花生饼和芝麻饼的蛋白质中，第一限制氨基酸都是赖氨酸，所以这5种饲料不管怎么搭配，饲养效果都不理想。因为它们都缺少赖氨酸，不能很好地起到互补作用。

6. 饲料容积要适当

一个好的配合饲料，应该既保证养分够，又保证吃饱而不过食浪费。不同虫龄的黄粉虫，在消化道容积、饲料通过消化道的速度和消化能力等方面是不相同的。所以，饲料的容积和单位重量中养分含量，应该与黄粉虫的消化生理要求相适应。饲料容积关系到采食量（进食量），进食过多或不足都不好。

7. 饲料配合要相对稳定

如确需改变时，应逐渐过渡，应有1周的过渡期。如果突然变化过大，会引起应激反应，降低黄粉虫的生产性能。

8. 饲料应贮存在干燥、阴凉处

高温、高湿可加快饲料中维生素和养分的破坏。虽然添加霉菌抑制和抗氧化剂有助于延长饲料的贮存期，但也应在4周内用完。

（四）黄粉虫饲料的加工

1. 饲料的含水量

因在饲喂黄粉虫的过程中，饲养器具中的虫粪常与饲料混合在一起，而黄粉虫本身也生活在同样的环境中。因此，饲料的卫生十分重要。保持饲料质量处于良好状态下的最重要因素是饲料含水量。黄粉虫幼虫、成虫均喜食偏干燥饲料，饲料含水量掌握在10%~15%为宜。如饲料含水量过高，与虫粪混合在一起时易发霉变质。黄粉虫摄食了发霉变质的饲料会患病，降低幼虫成活率，蛹期不易正常完成羽化过程，羽化成活率低。饲料含水量过高，饲料本身也会发霉变质，所以应严格控制黄粉虫饲料的含水量。判断饲料含水量的方法，即用手握起成团，松开后自行散碎，但无积水现象。

在夏季如果有充足的青饲料及瓜果皮等，只投喂干饲料也可。

2. 饲料的形状

黄粉虫饲料有粉状饲料、颗粒饲料、碎粒饲料三种形状。粉状饲料是将粉碎好的各种饲料原料及添加剂按饲料配方混合拌匀而成。粉状饲料生产设备简单，养分含量和动物的采食较均匀，但容易造成浪费。颗粒饲料是将粉料经过蒸汽加压处理而制成的饲料。颗粒饲料含水量适中，经过膨化时的瞬间高温处理，可起到消毒灭菌和杀死害虫的作用，而且使饲料中的淀粉核化，更有利于黄粉虫消化吸收。碎粒饲料是利用机械方法将颗粒饲料再经破碎加工成细度2~4毫米的碎粒，其性能特点与颗粒饲料相同。

黄粉虫规模化生产时，将饲料加工成颗粒饲料或碎粒饲料饲养效果较好。加工颗粒饲料，一般小幼虫的颗粒饲料以直径为0.5毫米以下为好，大幼虫和成虫颗粒饲料直径为1~5毫米，饲料粒度有利于黄粉虫取食。另外，颗粒饲料的硬度应适合不同虫龄取食的要求，过硬的饲料不适于饲喂，特别是小幼虫的饲料更要松软一些。

没有条件或不宜加工成膨化颗粒饲料的原料，可将各种饲料原料及添加剂混合拌匀后，加入10%的清水（复合维生素、微量元素可加入水中搅匀），拌匀后晒干备用。

3. 其他注意事项

黄粉虫的精饲料或混合饲料使用前要消毒晒干或在 70℃烘干以备用，但新鲜的麦麸也可直接使用。

为防止农药中毒，购买的青饲料一般要清洗浸泡半小时左右，放架上控去多余水分再投喂。青饲料若用不完，可放置在阴凉通风的地方，且不可堆放太久。

淀粉含量较多的饲料，可用 15% 的开水烫拌后再与其他饲料拌匀，晒干备用（维生素不能用开水烫）。

有冷冻条件的可将易发生害虫的饲料用塑料袋密封包装后放冰箱或冰柜中在 –10℃以下冷冻 3~5 小时，也有杀死害虫作用。冷冻后再将饲料晒干备用。

（五）黄粉虫饲料的投放技术

1. 根据虫龄投喂适宜的饲料

初孵化的幼虫、小幼虫、大幼虫和成虫，在不同的生长阶段其口器、消化能力、营养需要有所不同，饲料配方、饲料结构、颗粒度的加工上做适当有针对性的调整。如小幼虫和成虫的口器不如青年期幼虫的口器坚硬，消化系统也相对较弱，针对各种虫态的适口性，相应的饲料口感以疏松、膨酥为主。集卵饲料由于是初孵化的幼虫食用，则更应改细腻而且适度糖化较为合适。

2. 根据生产目的投喂

幼虫和成虫的饲养均在统一规格的标准养殖箱中进行，只是依饲养目的不同所用饲料配方不同。幼虫的饲养有留种和生产两种，成虫的饲养只有留种繁育一种。生产采收用幼虫饲养应在确定饲料配方的基础上，进行熬煮，并辅加添加剂、诱食剂，以促进取食、加速生长为目的。留种幼虫和产卵成虫饲料应以保证其营养富足及产卵营养需要（产卵期长、活力高）为目的。

3. 根据饲料种类投喂

除投喂一般饲料外，待幼虫长到 5 毫米长时，可适量投放一些白菜、甘蓝、西瓜皮、土豆片等。投放多汁鲜饲料应先洗净晾晒至半干（切忌使用喷洒过农药的），用菜刀剁碎，撒入标准养殖箱中，以覆盖一层为宜。幼虫特别喜欢取食多汁的瓜菜类饲料，但投放量一次不宜过大，过大会使标准饲养盘中的湿度增高，从而导致虫体患病。投喂量一般以 6 小时内能吃完为准，隔 1~2 天喂一次多汁饲料，夏季可以适当多喂一些。

4. 投喂次数和数量

一般留种群体全程饲喂酵化麦麸或其他配合精料；生产群体孵化后 10 天内每千克虫量饲喂酵化麦麸 0.1 千克，以后饲喂酵化糠粉 30~40 天，数量为每千克虫量 1.25~1.5 千克，然后再饲喂酵化麦麸 10 天，数量为每千克虫量 0.15~0.25 千克，直至发育到老熟幼虫后期。当虫体体长 20~30 毫米、体色由黄褐色变淡、食量明显减少时，即可达到收获利用标准。

为减少重复劳动，在生长季节或控温养殖条件下，精饲料的投喂在低龄幼虫期一般 15~25 天投料 1 次，中龄幼虫一般 10~15 天 1 次，大龄幼虫和成虫一般 3~7 天 1 次。低温季节可适当延长投喂间隔。补充投喂精饲料一般在每次筛除虫粪后进行，每次投喂饲料量为虫体重的 20%~30%，或满足大龄幼虫和成虫取食 5~8 天的需要量。

（六）黄粉虫的饲料配方示例

1. 幼虫常用饲料配方

表6　幼虫常用饲料配方 %

成分	配方一	配方二	配方三	配方四
麦麸	70	70	40	70
玉米粉	25	20	40	24
食糖				0.5
芝麻饼		9		
鱼骨粉		1		
豆饼			18	
大豆	4.5		0.5	5
复合维生素	0.5		1.5	0.5

2. 成虫常用饲料配方

表7　成虫常用饲料配方 %

成分	配方一	配方二	配方三	配方四	配方五
麦麸	75		55	45	75
玉米粉	15			35	15
纯麦粉		95			
马铃薯			30		
胡萝卜			13		
食糖	4	2	2		
鱼粉	4				8
豆饼				18	

（续表）

成分	配方一	配方二	配方三	配方四	配方五
食盐				1.5	1.2
复合维生素	0.8	0.4		0.5	0.8
饲用混合盐	1.2	2.4			
蜂王浆		0.2			

3. 幼虫和成虫通用饲料配方

表8　幼虫和成虫通用饲料配方　　　　　　　　　%

成分	配方一	配方二	配方三	配方四	配方五	配方六
麦麸	40	80	60	70	55	27
玉米粉	40	10	10	20		
碎米糠			20		20	
小麦粉					10	67
食糖					2	
豆饼	18		9			
花生饼		9				
芝麻饼				9		
大豆						
鱼粉				1		
胡萝卜					13	
酵母粉						3.5
食盐						2.5
复合维生素	0.5					
饲用混合盐	1.5					
其他		1	1			

六、黄粉虫的饲养管理技术

（一）黄粉虫的饲养管理原则

黄粉虫饲养管理的内容包含了饲养环境、饲料的饲喂、防疫制度等内容。良好的饲养管理是黄粉虫健康成长的一个重要环节。

1. 满足其营养需求

饲料的好坏直接影响黄粉虫的生长发育，甚至造成黄粉虫的大面积死亡。饲喂黄粉虫的饲料应营养均衡全面，满足黄粉虫不同虫龄的营养需要。精饲料与青饲料应搭配合理，投喂麦麸时，应跟着投喂青饲料，然后根据饲养房湿度大小，追喂青饲料。湿度大时，4~5 天投喂 1 次青饲料，湿度小时则隔天投喂 1 次即可。在成虫饲料中适当补偿青饲料、复合维生素或 25% 葡萄糖溶液可大大提高产卵量并延长其寿命。

2. 注意饲料品质，合理调制饲料

应对黄粉虫的饲料质量高度重视，注意饲料品质，不喂霉烂变质、喷洒过农药、有毒有害的饲料，是减少黄粉虫患病和死亡的重要前提。要喂新鲜、优质的饲料。对各种饲料按不同的特点进行合理调制，可提高消化率和减少浪费。

3. 合理搭配，饲料多样化

黄粉虫由于生长快、繁殖力高、体内代谢旺盛，需要从饲料中获得多种养分才能满足其需要。各种饲料所含的养分的质和量都不相同，如果饲喂单一的饲料，不仅不能满足黄粉虫的营养需要，还会造成营养缺乏症，从而导致生长发育不良。多种饲料合理搭配，实现饲料多样化，可使各种养分取长补短，以满足黄粉虫对各种营养物质的需要，获得全面营养。

4. 更换饲料，逐渐过渡

更换饲料，无论是数量的增减或种类的改变，都必须坚持逐步过渡的原则。更换前应逐渐增加新换饲料的比例，每次不宜超过1/3，使黄粉虫的消化机能与新的饲料条件渐相适应。如果突然增加饲料的喂量或突然更换饲料，往往会引起消化机能紊乱，导致肠胃疾病。

5. 控制饲料的含水量

黄粉虫幼虫、成虫均喜食偏干的饲料，饲料含水量应掌握在10%~15%为宜。若补充投喂青绿多汁饲料较多时，可适当降低精饲料的含水量，以防精饲料发霉变质。

6. 合理分群饲养，搞好管理

黄粉虫各虫态生长发育对环境条件要求不同，且有互残的习性。混养不便于按不同要求投喂饲料，而且成虫在觅食时容易吃掉卵，幼虫容易吃掉蛹。因此，卵的孵化、蛹、成虫的生长发育要分开进行或者分开饲养，便于发育期各项管理及后期虫蛹的分离，有利于保证种群的优质管理，培育优良的黄粉虫种群。

7. 做好生产记录

黄粉虫的饲养管理是一件长期性和连贯性的工作，只有在生产过程中不断吸取教训，总结经验，从中找出规律，才能使技术水平得到提高。生产记录是总结的依据，它来源于饲养管理人员工作中详实的记录。生产中饲养管理人员应认真观察黄粉虫的饮食、健康、蜕皮、化蛹、羽化、产卵、排便状况，检测饲养管理环境，并做好详细记录。

表9　黄粉虫常规记录

养殖箱号：

	日期							
饲料	蛋白质饲料							
	精饲料							
	青绿饲料							
	添加剂							
饲喂	除粪							
	投喂量							
活动情况	摄食							
	活动							
	排便							
蜕皮	次数							
	蜕皮率							
饲养环境	温度							
	湿度							
	光照							
	通风							
	噪声							
	天敌							
死亡情况	数量							
	可能原因							

8. 严格防疫制度

疾病预防，是提高黄粉虫饲养效益的重要保证，严格防疫制度是黄粉虫饲养管理的重要环节。任何一个黄粉虫饲养场（户），都必须建立健全引种、定期消毒、定期进行黄粉虫群健康检查、加强进出黄粉虫饲养房舍人员的管理等防疫制度。管理人员和饲养员都要严格遵守。

9. 保持清洁卫生，创造良好环境条件

每天打扫饲养房，定期清除粪便，经常洗刷养殖箱，勤除粪，定期消毒，以保持饲养房清洁、干燥，使病原微生物无法滋生繁殖。这是增强黄粉虫体质、预防疾病必不可少的措施。

10. 夏季防暑，冬季防寒

规模较大的黄粉虫饲养场，须设置防暑、保温设备，家庭小规模饲养，则应加强管理。如饲养房周围植树、搭葡萄架、种植丝瓜、南瓜等藤蔓植物，进行遮阴，饲养房门窗打开或安置风扇等，以利通风降温。冬季做好防寒保温工作。

11. 坚持严格消毒

由于黄粉虫个体较小，生活周期短，发生病害不能像其他生活数年到几十年的动物有病能治，即使把黄粉虫病治好了，也不一定能正常产卵繁殖。所以，黄粉虫饲养除需根据黄粉虫的生理特性科学饲养外，更重要的是抓好黄粉虫病防治工作，贯彻"预防为主，防重于治"的指导原则，千万不可不消毒、不防病。

（二）黄粉虫的饲养环境条件控制

将饲养场的环境条件控制在适宜的状态，是成功养殖黄粉虫的基础和前提。特别是在规模化饲养时，充分满足黄粉虫生长发育、生存、繁殖等对环境条件的基本要求，对于缩短饲养周期，降低养殖成本，生产高质量的产品，取得最佳的经济效益等具有重要

意义。

1. 养殖的最佳温度、湿度条件

黄粉虫对环境温度、湿度的适应范围很宽，但只有在最佳生长发育和繁殖的温度、湿度条件下才能繁殖多，生长快。黄粉虫生长要求的最适温度、湿度条件见表 10。

表 10　黄粉虫各虫态最适温度、湿度条件

虫态	最适温度 /℃	最适相对湿度 /%
成虫	26~28	50~70
卵	25~32	65~75
幼虫	25~29	50~65
蛹	26~30	65~75

黄粉虫饲养过程中的不良环境种类较多，要根据实际情况及时采取措施予以补救，为黄粉虫创造良好的生长发育环境。高温多湿时，要勤开门窗通风，开动电扇，养殖箱内勤换含水量较低的干饲料。高温干燥时，可喷凉水、挂湿布，勤喂叶青绿多汁饲料。高温适湿时，注意通风换气，室外搭凉棚、遮阳网等。适温多湿时，可微火排湿，地面多撒石灰、焦糠等干燥材料排湿。适温干燥时，室内挂湿布、湿帘补湿。低温潮湿时，要及时加温，地面可撒一些石灰、焦糠等干燥材料。低温干燥时，除加温同时火上架水盆、挂湿布补湿。低温适湿时，生火升温，同时注意补湿。

2. 控制养殖环境温度

黄粉虫饲养环境的温度保持，根据不同的环境采取相应措施，房舍饲养，可以用煤炉、电炉、空调加热；大棚养殖可以利用火道、暖风加热。冬季越冬的生产饲养房，用塑料布严封四周墙壁和窗孔，应该集中、缩小养殖空间，或者在大房间中间隔成面积较小

的房间便于加温并降低增温成本。采用煤炉、锯末炉加温时应注意排烟和通风，防止二氧化碳过多和一氧化碳中毒。加温时温度要相对稳定，特别是冬季加温不能忽高忽低。避免昼夜温差过大，以免影响正常生长发育和繁殖。因大龄幼虫虫体摩擦会使箱内温度高于室温，在夏季要特别注意养殖箱内的温度。

3. 控制养殖环境湿度

黄粉虫对湿度的适应范围较宽，最适相对湿度成虫为50%~70%、卵和蛹为65%~75%、幼虫为50%~65%。

（1）环境加湿的方法

环境加湿可根据养殖水平采取不同的方法。如果条件允许可采用加湿器增加环境湿度，可自动控制环境湿度在设定的范围之内。当然，也可采用地面洒水等简易的方法增加环境湿度。

（2）环境降湿的方法

环境降湿一般在夏天雨季（7—8月），当环境湿度大于85%时，就应采取降湿措施。降低环境湿度最简单的方法是加强养殖空间的通风换气，如果直接通风有困难，可采用排风扇等进行强排换气。也可采用干燥剂降低环境湿度，即在养殖环境置放一定量的干燥剂（可重复利用），吸附潮气而降低空气湿度，但应注意及时对干燥剂进行干燥更换处理。

4. 环境温度、湿度综合控制

温度和湿度是影响黄粉虫生长发育和繁殖的重要因素，但二者的作用并不是相互孤立的。在适宜的温度范围内，温度的作用大小常因湿度的变动而变化；同样，在适宜的湿度范围内，湿度的作用大小常因温度的变化而变化。因此，要创造黄粉虫最适宜的饲养环境，必须考虑温度和湿度的综合作用，进行综合控制。如果有条

黄粉虫生态养殖技术

件，应分虫态建设饲养房，将不同虫态放于不同温度、湿度的条件下饲养。

（三）黄粉虫幼虫的饲养管理

1. 幼虫的分期

黄粉虫幼虫有大吃小、强吃弱、互相残杀的特性，不宜大小混养。为此，应根据黄粉虫虫龄、饲养目的，分期、分群饲养，以便于饲喂、防止互残、销售、评级。为便于饲养管理，一般将 0~1 月龄幼虫称为小幼虫（身长 0.2~0.5 厘米），1~2 月龄幼虫称中幼虫或青幼虫（身长 0.6~2 厘米），2~4 月龄幼虫称为大幼虫（身长 2.1~3.5 厘米），化蛹前称为老熟幼虫。

2. 饲养密度

黄粉虫幼虫喜欢群居，饲养密度过小，会影响幼虫的活动和取食，但密度过大时幼虫易造成自相残杀增加死亡数量，且相互摩擦易造成小环境温度急剧上升，特别是大龄幼虫阶段稍有疏忽会出现大量死亡。所以，控制适宜的饲养密度十分重要。一般情况下，养殖箱中的幼虫厚度不要超过 3 厘米，宜 4.0~5.0 千克 / 米 ^{2} 的饲养密度较为适宜。1~2 龄黄粉虫幼虫 0.5 千克约 30 万条，3 龄虫约 15 万条，4 龄虫约 6 万条，5 龄虫约 3 万条，6 龄虫约 1 万条，7 龄虫约 8 000 条，8 龄虫约 4 800 条。幼虫愈大相对密度应小一些，室温高，湿度大，密度也应小一些。

090

3. 小幼虫的饲养管理

（1）小幼虫的饲养

黄粉虫卵孵化时，幼虫头部先钻出卵壳。初孵幼虫体长约2毫米，先啃食部分卵壳，然后取食养殖箱中的饲料。此时应尽量不搅动饲料，以免伤害初孵幼虫。由于小幼虫生长发育缓慢，食量不大，养殖箱中饲料一般可满足供应，不必投喂新饲料。待幼虫3龄以上时，开始投喂少量青绿多汁饲料，并每天观察1次精饲料残留量。若前期投放饲料较少，均变为微球形虫粪时，可适当再补充一些麦麸等精饲料。

（2）小幼虫的管理

①观察蜕皮。小幼虫长到4~5毫米时，体色变淡黄，停食1~2天便进行第1次蜕皮。蜕皮后呈米白色，约2天又变淡黄色。一般每7天左右蜕皮1次。1个多月内经5次蜕皮后，逐渐长大成为中幼虫，体长0.6~2厘米，体重0.03~0.06克。

②控制料温。在室温不高时，小幼虫出现死亡主要是因养殖箱内小幼虫密度太大，幼虫运动常使料温高于室内温度。当室温在32℃时，料温往往超过35℃，造成小幼虫的小环境温度过高而抑制生长发育，甚至造成大批幼虫死亡。因此，温度控制必须以料温为准，防止小幼虫出现高温致死现象。小幼虫的料温应控制在24~30℃（最适料温为27~32℃），空气相对湿度为60%~70%。

③筛除虫粪。当达1月龄成为中幼虫时可用2毫米筛网过筛，筛除虫粪后将剩下的中幼虫进行分箱饲养。

4. 中幼虫的饲养管理

中幼虫是幼虫生长发育加快、耗料与排粪增多的阶段，因此日常管理的次数也要增加。

（1）中幼虫的饲养

一般早、晚各投喂 1 次青绿多汁饲料，并注意精饲料的残留量，随时进行补充，每次补充量够 5~7 天取食即可。投喂饲料量要视虫子的健康和温度、湿度条件等灵活掌握。

（2）中幼虫的管理

①控制环境。虫群内温度控制在 24~33℃，空气相对湿度为 55%~75%，饲养室内黑暗或有散弱光照即可。

②筛除虫粪，幼虫称重。每 7~10 天用 40 目筛除虫粪 1 次，同时称取幼虫体重，如密度大时及时分箱。

③注意观察，及时分群饲养。经过 1 个多月的饲养管理，中幼虫经第 5~8 次蜕皮，到 2 月龄时成为大幼虫。体长 2 厘米以上，个体重 0.07~0.15 克。其体长、体宽、体重均比中幼虫增加 1 倍以上。此时应及时分箱。

5. 大幼虫的饲养管理

（1）大幼虫的饲养

大幼虫摄食多，生长发育快，排粪也多，需要每天进行饲养管理。大幼虫日耗饲料为自身体重的 20% 左右，日增重 3%~5%，投喂饲料应精饲料与鲜菜可各占一半，必须每天投喂 2~3 次青绿饲料，投喂的叶菜类含水较多又新鲜，大幼虫喜食，但投量不能过多，否则可能导致虫箱过湿而使虫沾水死亡；每 2~3 天补充 1 次精饲料，饲料厚度宜在 1.5 厘米左右，一般不得厚于 2 厘米。

（2）大幼虫的管理

①控制料温度、湿度。料温控制在 24~33℃，空气湿度 55%~75%。

②筛除虫粪。每 7 天筛粪 1 次，筛粪后，用风扇吹去虫蜕。

③检出虫蛹。当出现部分老熟幼虫逐渐变蛹时，应及时挑出留

种，避免幼虫啃食蛹体。

④及时商品利用。当蜕皮第 13~15 次后即成为老熟幼虫，摄食渐少。当老熟幼虫体长 22~32 毫米时，体重达 0.13~0.26 克。这时的老熟幼虫是用于商品虫的最佳时期。

⑤预防大幼虫发生农药或煤气中毒。

⑥防止大幼虫外逃或天敌入箱为害。

6. 预蛹期的管理

大龄幼虫中留种的幼虫需要继续饲养。如果发现幼虫到饲料表面停止取食或活动、身体稍微缩短弯曲，则表明其已进入预蛹期。此时，应将精饲料厚度增加到 4~6 厘米，以便于将幼虫与预蛹分离。

蛹期是黄粉虫的危险期，也是生命力最弱的时期，因为身体娇嫩，不食不动，缺乏保护自己的能力，很容易被幼虫或成虫咬伤。只要蛹的身体被咬开一个极小的伤口，就会死亡或羽化出畸形成虫，不能产卵。因此，必须将蛹与幼虫及时分离，绝对不能将蛹与成虫或幼虫混养在一起。目前分离幼虫和蛹有手工挑拣、过筛选出、食物引诱、明暗分离、虫粪分隔等方法。

（1）手工挑拣

手工挑拣时切勿用手在箱内来回搅动，轻轻拣出饲料表层上的蛹即可。此法的优点是简便易行，缺点是费时费工，还会因蛹太小，人在挑拣时稍微用力，就会将蛹捏伤而死。只有经验丰富、手感好的养殖人员才可避免出现此弊端，只适宜分离少量的蛹。

（2）过筛选出

因幼虫身体细长，蛹身体胖宽，放入 8 目筛网轻微摇晃，幼虫就会漏出而分离。

（3）食物引诱

利用虫动蛹不动的特点，在养虫盒中放一些较大片的菜叶，幼

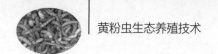

虫便会迅速爬到菜叶上取食，把菜叶取出即可分离。

（4）明暗分离

利用黄粉虫负趋光性的特点，将活动的幼虫与不动的蛹放在阳光下，用报纸覆盖住半边虫盒，幼虫马上会爬向暗处而分离。

（5）虫粪分隔

利用虫动蛹不动的特性，把幼虫与蛹同时放入摊有较厚虫粪的木盒内，用强光（或阳光）照射，幼虫会迅速钻入虫粪中，蛹不能动都在虫粪表面，然后用扫帚或毛刷将蛹轻扫入簸箕中即可分离。该方法也可用于死虫和活虫的分离。

（四）黄粉虫蛹期的管理

黄粉虫幼虫长到 60~80 日龄。老熟幼虫爬到饲料表面蜕皮化蛹，一般裸露在饲料表面。初蛹为乳白色，体壁柔软，隔天后逐渐变为淡黄色，体壁也变得较坚硬。

1. 虫蛹的发育历期

黄粉虫蛹的发育历期是指从其化蛹到蛹期羽化所经历的时间。在温度 25~30℃，相对湿度 65%~75% 条件下，其发育历期为 7~12 天。蛹的发育历期与光照、温度、湿度有关，在完全黑暗条件下，黄粉虫蛹的发育历期延长。在一定范围内，随着温度的上升，黄粉虫蛹的发育历期缩短。一定的弱光条件、变温环境和适宜的空气湿度能缩短黄粉虫蛹的发育历期，促进羽化时间提前。

2. 种虫蛹的分离

选留种成虫要从幼虫开始，从老熟幼虫中选择刚化出的健康肥壮蛹。为防止被幼虫咬伤，选蛹应在化蛹 8 小时内选出。育种蛹应该手工挑选，挑选个体大、色泽均一的单独存放，并做好标记。选蛹时用手轻轻拣入孵化箱，切勿用力捏，以防捏伤。每个孵化箱内选放 5 000~10 000 只，均匀平铺在箱底麸皮上，切忌堆积，然后上盖，预防干枯病。

3. 蛹的保存

黄粉虫蛹期虽然不吃不动，但仍然呼吸和消耗体内水分，仍需置于通风干燥处，不能放在密闭的容器内，而且要保存在一定湿度的环境中。当空气中湿度太小时，可通过喷水、盖湿布来保湿。将蛹箱送入种虫室内后，不要翻动撞击。保存中要防止各种化学品（如烟、酒、化妆品、药剂等）与虫蛹接触，并注意防止蚂蚁。保存中间隔 2~3 检查一次，仔细观察，及时拣出病死蛹。羽化的成虫要及时拣出。

保存温度控制在 25~30℃，空气相对湿度在 65%~75%，保存 7~10 天将有 90% 以上的蛹羽化为成虫。

（五）黄粉虫成虫的饲养管理

成虫是黄粉虫整个世代交替中的最后阶段，在生理上有真正意义的死亡，此期管理极为重要。管理的主要目的是尽量延长其生命和产卵期，提高产卵量。一般成虫寿命为 90~160 天，产卵期 60~100 天。每天能产卵 1~10 粒，一生产卵 60~480 粒，有时多达 800 粒，甚至 1 000 多粒。产卵量的多少与饲料配方及管理方法有关。

1. 成虫的饲养

黄粉虫成虫的产卵量与饲料配方及管理密切相关。黄粉虫成虫期的饲料要求蛋白质丰富，适口性好，维生素、矿物质充足，饲料中经常更换饲料品种，可加喂一些小干鱼和猪骨头。必要时还可加入蜂王浆，促进性腺发育，延长成虫寿命，增加产卵量。刚羽化的成虫虫体较嫩，抵抗力差，不能吃水分多的青饲料。而且由于成虫口器不如幼虫口器坚硬有力，成虫最好用膨化饲料或较疏松的复合饲料。在饲料投喂量上，一般至少每天投喂 1 次，每 5~7 天换 1 次饲料。投放饲料时，应撒放在产卵网上供其自由取食，不能成堆或集中投放，否则雌虫会将卵产在饲料中，很快就会被成虫吃掉。

2. 成虫的管理

（1）避免混养

在虫态管理上，因成虫和幼虫形态不一样，活动方式也不一样，对饲料要求也不一致，一定不要混养，以免干扰其产卵，影响产量。更不要与蛹混放在一起，以免成虫食蛹，造成经济损失。羽化的成虫最初为米黄色，其后浅棕色—咖啡色—黑色。刚刚羽化的成虫 4~5 天基本不食，要充分利用这段时间，将成虫分离，及时迁到产卵箱中饲养，否则成虫会咬伤蛹。刚羽化的成虫应按照不同体色放在一起，最好将同龄成虫放在一起。

（2）环境控制

提供适宜的温度、湿度。成虫期所需适宜温度为 25~33℃，空气湿度 60%~75%。若用粉料，饲料湿度 10%~15%，并要减少投喂青饲料。若用颗粒料，则青饲料也要适量。实践证明，在此期间，若投喂青饲料太多，会降低其产卵量。

（3）饲养密度与雌雄性别比例

羽化的成虫在体色变成黑褐色前，就要转到成虫产卵箱饲养，并做好接卵工作。每个产卵箱养殖成虫的数目因产卵箱大小而有所不同。一般按 0.9~1.2 千克 / 米² 的密度放养，即每平方米产卵箱放养成虫2 000~5 000只。雌雄成虫的比例一般为1∶1。

（4）定期淘汰

蛹羽化为成虫后的1个月左右是产卵高峰期，2个月内为产卵盛期。在此期间，成虫食量最大，每天不断进食和产卵，所以一定要加强营养和管理，延长其生命和产卵期，提高产卵量。在饲喂时，先在卵筛中均匀撒上麦麸团或面团，再撒上小块状马铃薯或其他菜茎，以提供水分和补充维生素，随吃随放，保持新鲜。2个多月后，成虫由产卵盛期逐渐衰老死亡，剩余的雌虫产卵量也显著下降。3个月后，成虫完全失去产卵能力，不论其是否死亡，均应全部淘汰，以免浪费饲料、人工和占用养殖用具。在时间管理上，在产卵筛上要标注成虫入筛日期，以掌握其产卵时间和寿命的长短，对成虫进行定期淘汰。

（5）疾病预防

在疾病预防上，要预防成虫出现干枯病或软腐病。

（6）死亡成虫的清理

成虫在繁殖期内，因种种原因会死亡一部分。虽然对自然死亡的成虫，因一般不会腐烂变质，所以不必挑出，让其他活成虫啃食而相互淘汰，这样不仅可以弥补活成虫的营养，也节省了大量人工。但是，如果死亡较多时，应该及时把成虫死虫挑拣出来，以防止疾病的蔓延。

（7）防止成虫外逃

成虫是黄粉虫4个世代中活动量最大、爬行最快的虫期，此期的防逃工作极为重要。为防止成虫外逃，一定要保持卵筛内壁的光滑无缝，使成虫没有逃跑的机会。可在产卵盒内壁粘贴透明胶带（3厘米宽为宜），要注意粘贴平整无褶皱。

（六）黄粉虫不同季节的饲养管理

黄粉虫的生长发育与外界环境条件紧密相连。不同的环境条件对黄粉虫的影响不同，而我国的自然条件，不论在气温、雨量、湿度，还是饲料的品种、数量、品质，都有着显著的地区性和季节性特点。因此，四季养虫，就应要根据黄粉虫的生活习性、生理特点和季节、地区特点，酌情采取科学的饲养方法，才能确保黄粉虫的健康，促进黄粉虫养殖业的发展。

1. 春季的饲养管理

春季我国大部分地区降雨量增大，空气湿润，昼夜温度相差悬殊。而温度和湿度是影响黄粉虫的最重要的两个气候因子。因此，春季是黄粉虫饲养管理的关键时期。

春季饲喂黄粉虫饲料要比夏季稍干，不宜太湿。叶菜类蔬菜的投喂要根据湿度的大小进行，湿度大时一般每隔5天左右喂1次，湿度小时每隔2天喂1次。清明以后，采集萌发的蒲公英、苦菜、车前草等野菜喂养黄粉虫，既可节省饲料，又有预防疾病的作用。谷雨过后，雨水明显增多，饲料容易发霉变质，适口性变差，要经常检查，注意不喂给黄粉虫霉变的饲料。

在春季要做好温度和湿度的控制，一般50米^{2}的饲养房内要放置2个温湿度表，温湿度表一般放在1米高的地方，以便准确测量。饲养房内要保持温度在22℃以上，白天气温高要开窗通风，夜晚要加温。惊蛰后至春分前，可用石灰粉撒地面消毒。

幼虫要减小饲养密度，死虫要及时挑选出来。春季大部分的死虫都是由湿度大引起的，要控制好老熟幼虫的干湿度。

蛹在春季则是关键时期，雨量大，空气湿润，昼夜温差大，这几点都构成对蛹的最大威胁，因此蛹期在春季要精心照顾。

成虫饲料不要太湿，以攥不成团为宜，并根据湿度的大小来增减喂菜叶的次数。湿度过大卵的成活率降低，容易霉变，需要通风或者提高温度，以降低湿度。

2. 夏季的饲养管理

夏季是一个高温多雨的季节。在夏季黄粉虫饲养温度、湿度的调控非常关键。高温对卵来说是有利的，但是对中等的幼虫生长发育却是很不利，尤其是连续的高温天气。连续阴雨天气也会增加黄粉虫的死亡率。

连续阴雨天对刚刚孵化的小幼虫影响不大，但对于 5 龄以上的幼虫需要及时分箱减小密度，改 1 周加料 1 次为每天或隔天投喂，以避免湿度过大造成饲料发霉而引起幼虫大量死亡。

蛹由于夏季的高温和多湿可能出现大量死亡，这时需要减少蛹的厚度，保持空气流通。

炎热的高温对成虫的产卵量会造成影响，其产卵量会大量减少，直接造成经济损失。这时应注意饲料的投喂，并采取加盖遮阳网、饲养房前后栽种藤架式蔬菜、加强通风、室内放置有清水的器皿、使用排气扇等措施进行降温。

3. 秋季的饲养管理

经过炎热的夏季，秋季气温逐渐下降，空气由潮湿逐渐变得干燥，是黄粉虫生长繁殖的黄金季节。但是，随着气温的下降，在没有加温饲养的情况下，黄粉虫的活动减弱，生长减慢，产卵下降，因此管理工作不应放松。

在冬季到来前 1 个月，应适当增加精饲料和蛋白质饲料，以增加黄粉虫的能量及积累脂肪，增强其体质，顺利越冬创造条件。

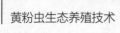

黄粉虫对环境变化十分敏感,而秋季昼夜温差较大,天气变化较大。因此,要尽量保持饲养房内的温度稳定,避免房内温度忽高忽低。同时要及时关严门窗,糊严缝隙,封严通风口,不使冷空气直接进入室内,有条件的应适时采取加温措施。另外,在秋季还要做好调节湿度的工作。

4. 冬季的饲养管理

冬季气温急剧下降,黄粉虫饲养又进入一个新阶段。黄粉虫的冬季饲养应根据其特点,加强管理,掌控好温度,确保降低成本,增加收入。

冬季饲养黄粉虫适当增加精饲料的比例,以增加黄粉虫热量的供给。并应注意提前将饲料放到室内使其温度与室温接近,以避免黄粉虫食用过凉的饲料而生病或造成虫体温下降而影响生长。

冬季北方地区天气较冷,应及时设置取暖设施(如煤炉、火道等),有条件的可设置暖气系统统一供热。供热时,应特别注意晚间取暖,避免白天热晚上凉现象的出现。采用煤炉增温时,应安好烟筒,密封炉具,并在饲养房的窗户前后开设通气孔,以防止煤气中毒。为防止饲养房内空气过于干燥,可采取炉上烧水的方式增湿。另外,为了节约升温成本,可适当增加黄粉虫的饲养密度,每标准养殖箱中的黄粉虫养殖量可增加到3~4千克(同时注意观察料温)。

冬季北方地区风较大,饲养房须严格密封。饲养房的窗户可采用塑料布密封,有条件的也可打草帘用于封窗。门口必须用棉帘遮挡,并限制无关人员随意进入饲养房。

七、黄粉虫的病虫害防治

（一）黄粉虫常见病因

诱发黄粉虫疾病发生的原因主要有两个方面：一是内因，即机体，主要表现在机体营养不良，抗病能力差，对环境适应能力不强。二是外因，即环境和病原体。环境较差，病原体滋生，在机体抵抗能力比较差的情况下病原体会侵入虫体内，诱发黄粉虫发病。因此提高机体免疫力是黄粉虫防治的前提，改善环境、切断病原传播途径是黄粉虫疾病防治的基础。

1. 内因

黄粉虫的体重、体质、虫龄都和疾病的发生密切相关。一般刚变态的幼虫和虫龄大的种虫发病率较高，而中龄幼虫发病率较低。在高温条件下孵化出来的幼虫体质先天不足，畸形比例高，容易发病。黄粉虫本身的生理遗传或代谢的缺陷，如遗传性肿瘤、不育基因的突变、内分泌失调等也会导致黄粉虫产生一系列的疾病。

2. 环境

黄粉虫一生中有卵、幼虫、蛹和成虫的虫态改变，还有食性、生活环境的改变，这么多的环节难免会遇到不测。环境条件的不适宜或突然改变，如缺少食物而饥饿、高温酷暑、冰雪霜冻，或受到农药等化学物质的毒害都可使黄粉虫发生疾病。黄粉虫生存环境要求相对较高的温度，这种环境比较适于各种病原体生长繁殖，因此，黄粉虫饲养场地的定期消毒、定期清理工作就显得非常重要。此外，还特别要保持黄粉虫的生活环境的清洁卫生，不受各种污染物的污染。在建场前要对周围环境进行调查，谨防工业粉尘、噪声、农药对黄粉虫的危害。

3. 病原体

病原体侵染可导致黄粉虫发病，诱发黄粉虫发病的病原体主要有病毒、细菌、真菌和寄生虫等。

（1）病毒

病毒寄生在寄主的细胞内，至今还没有理想的治疗方法，因此针对病毒引起的疾病应以预防为主。如果虫尸僵硬而液化，体表不"发霉"，则可能是病毒侵染所致疾病。

（2）细菌

细菌是一类具有细胞壁的单细胞生物。特别是在蜕皮、化蛹时死亡，如果虫尸颜色变暗变黑，常腐烂有异味，多为细菌性疾病。

（3）真菌

真菌是有细胞壁的单细胞或多细胞体，多细胞体呈丝状，各分支交织成团。真菌感染的黄粉虫，常见虫体发育缓慢，体色有明显异常，虫尸僵硬但无臭味，常见尸体表面"发霉"。

（4）寄生虫

寄生虫是专营寄生生活的小动物。危害黄粉虫的寄生虫种类很多，如原虫、螨虫等。球虫类原生动物感染的黄粉虫常见虫体体表透明，终成斑驳状棕色。

（二）黄粉虫疾病防治的综合措施

在黄粉虫饲养过程中，人们一般很难及时发现黄粉虫生病，即使发现，往往已到中晚期。因此，以无病早防、有病早治的积极态度对待疾病防治工作显得尤为重要。黄粉虫疾病的预防要从内因和外因两个方面来考虑，首先要加强饲养管理，增强黄粉虫自身的抗病力；其次要控制和消灭病原体，改善饲养环境。

1. 加强饲养管理，增强黄粉虫抗病力

（1）加强饲养

生产实践表明，饲料单一、营养不全，常常会导致黄粉虫抵抗力下降，进而引发各种疾病，如长期用单一麦麸饲喂黄粉虫，会导致黄粉虫幼虫生长发育缓慢、易发病，成虫产卵量低，生产效果并不理想。所以，必须为黄粉虫提供品种多样、营养丰富、清洁卫生的饲料，并注意添加维生素和微量元素，喂适量的青饲料。投喂的饲料除了要有丰富的营养外，还要注意饲料不能发霉、变质、腐败。变质、发霉的饲料带有不少病原体和有毒物质，常会干扰和破坏黄粉虫正常的新陈代谢，并引发各种疾病。投饲量应适当，根据黄粉虫的大小、数量、温度等情况灵活掌握。

（2）科学管理

放养时要根据虫态、虫龄做到分级分箱，使每个养殖箱内的黄粉虫个体大小规格一致，并且放养密度适当。这样可使黄粉虫生长发育整齐，减少因出现弱小个体而发病的可能。在操作过程中，要谨慎小心，避免黄粉虫受伤，养殖箱的箱壁和箱底要求光滑，避免擦伤黄粉虫的体表。饲养人员应勤检查、勤巡视，尽早发现病害并及时采取防治措施。

2. 培育新品种

选育个体大、抗病力强的亲本进行人工杂交或采用细胞融合和基因重组技术培育出生长快、抗逆性强的新品种并推广养殖。

3. 创造良好的生活环境

首先饲养场要选择适宜的场地，远离污染源（含噪声）。另外，搞好室内环境，协调好温度、湿度的关系，控制室内温差小于

5℃，保证室内空气清新，不把刺激性气味带入黄粉虫饲养房。另外，敌害是黄粉虫养殖中必须时刻注意的问题，若有疏忽，便会造成经济损失。黄粉虫敌害主要包括壁虎、鸟、鼠、蛇等，一旦发现必须尽早用药物消灭或人工驱除。

4. 建立卫生防疫制度

（1）加强日常防疫

在饲料配制、加工、投喂前和除粪、捉病虫后要洗手。进出饲养房要换鞋，饲养房门口内外铺一层新鲜石灰粉。未经消毒的用具禁止带入饲养房室使用。换下的用具要暴晒或消毒。筛除虫粪时动作要轻，尽量减少灰尘飞扬。地面要垫编织布或塑料薄膜。除粪后用编织布或塑料薄膜包好搬出饲养房，倒入虫粪坑。黄粉虫养殖量少时虫粪较少，也不能随意乱倒或抛撒。病虫不许乱丢或喂家禽，应集中消毒后深埋土中或烧毁。参加农田治虫喷药的人员必须沐浴更衣后才能入饲养房。

（2）定期消毒

病原体的存在是黄粉虫发病的直接原因，而消毒是控制和杀死病原体的有效方法。黄粉虫饲养过程中，应注意搞好饲养房内的清洁卫生，及时清除散落在地面的饲料残渣、虫粪、死虫等，避免滋生螨类及其他昆虫。日常管理中发现个别的病、死个体应及时拣出带到室外处理。为预防病虫害的发生，每批黄粉虫养殖结束后，应对饲养房进行一次全面清扫，并将养殖用具放在日光下暴晒。必要时，清扫后用0.1%高锰酸钾溶液、0.5%菌毒净或5%来苏儿溶液消毒灭菌。如果螨害较为严重，可在彻底清扫后，用1.8%阿维菌素乳液2 000倍液喷洒墙角、养殖箱和用具。

（3）仔细观察，发现问题，及时处理

疾病诊断的基本原则是提前发现、及时诊断、对症下药、谨防扩散。由于有关黄粉虫疾病诊断目前尚未形成其病理学、微生物学的现代诊断方法，黄粉虫患病初期不易诊断。目前，黄粉虫疾病的诊断，主要通过观察其食欲、行为、形态等来发现。黄粉虫发病以后，会有很多异常反应，初期症状主要表现为活动缓慢、反应迟钝、摄食量减少等，随着病程的深入，会出现更明显的症状，如体色异常、发霉、溃烂、出血以致死亡。详尽、系统的养殖记录是发现和诊断疾病的基础，养殖人员对黄粉虫每天的摄食情况、活动情况及环境温度、湿度等情况都要有系统、详细的记录，发现有异常时，要马上翻阅养殖记录进行纵向、横向比较，初步确定原因，并增加观察记录次数，为最终正确、及时的确诊提供依据。如若发现问题，要及时隔离有病的黄粉虫，并及时采取药物治疗和其他相应措施，控制疾病的蔓延，提高治疗效果。

（三）黄粉虫病害的防治

1. 软腐病

软腐病又名腐烂病，多发于湿度大、温度低的多雨季节，尤其是连绵的阴雨季节。

（1）病因

空气中湿度过大、饲料含水量高、饲养密度大、过筛时虫体受伤、粪便污染饲料等是发病的主要原因。

（2）症状

病虫行动迟缓、食欲下降、产卵少、排黑便，甚至虫体变黑、变软、腐烂而死亡。病虫排的黑便还会污染其他虫子，如不及时处理，甚至会造成整盒虫子全部死亡，是一种危害较为严重的疾病，也是夏季主要预防的疾病。

（3）防治方法

一旦发现软虫体要及时拣出，应减少或停喂含水量较高的青绿多汁饲料，及时清理病虫粪便与残食，更换干燥饲料。并加强通风，以降低室内湿度，温度低时，可燃煤炉升温。也可用氯霉素、土霉素或金霉素粉碎后按 0.1% 量拌入精料中投喂一段时间。

2. 干枯病

（1）病因

主要是空气干燥，气温偏高，饲料含水量过低，黄粉虫体内严重缺水而发病。特别是在干旱的夏季和冬季加温饲养时，如空气相对湿度太低，饲料过于干燥，常发生此病。

（2）症状

发病幼虫先从头部和尾部发生干枯，再慢慢发展到整体干枯僵硬而死。

（3）防治方法

在高温的夏季和干燥的秋季，把精饲料的含水量控制在 15% 左右，及时补充各种维生素和青饲料，并应打开门窗通风，并在地上洒水降温增湿。在冬季用煤炉加温时，要经常用测量饲养房内的空气湿度，一旦低于 55% 时，就应往地面洒水增湿，或加大饲料中的水分，或多给青饲料，预防此病的发生。对于干枯发黑而死的黄粉虫，要及时挑出扔掉，防止健康虫吞吃生病。

3. 黑头病

（1）病因

饲养户在虫粪未筛净时又投入了青饲料，导致虫粪与青饲料混合在一起，黄粉虫误食了自己的虫粪而发病。

（2）症状

病虫先从头部发病变黑，再逐渐蔓延到整个肢体而死。有的仅头部发黑就会死亡。虫体死亡后一般呈干枯状、腐烂状。

（3）防治方法

此病系人为造成，提高饲养人员责任心或掌握科学的饲养管理技术后即可避免此病的发生。发生此病时，要及时将病虫挑出扔掉，以防止健虫吞食后生病。

（四）黄粉虫敌虫害的防治

1. 螨虫

螨虫为蛛形纲蜱螨目的微小动物，成虫体长不到1毫米，有足4对，全身柔软，成拱弧形，灰白色，半透明有光泽，全身表面生有若干刚毛。幼螨具足3对，长到若螨时具足4对，若螨与成螨极相似。在高温、高湿及大量食物环境条件下，螨虫每15天左右发生1代，每头雌螨能产卵200粒。为害黄粉虫的螨虫主要是粉螨，欲称"糠虱""白虱""虱子"。夏、秋季，在米糠、麦麸中很容易滋生粉螨。

（1）病因

一般在7—9月高温高湿季节容易发生螨虫病害。饲料带螨卵是螨害发生的主要原因。如果把带有螨虫的饲料投喂给黄粉虫，在高温、高湿、营养丰富的适宜环境条件下，螨虫在短时间内迅速繁殖发展、蔓延到全部养殖箱中。

（2）症状

可见饲料表面成群的螨虫取食饲料、黄粉虫虫卵和死虫体、叮咬或吃掉弱小幼虫和正在蜕皮的中幼虫。即使不能吃掉黄粉虫，也

会搅扰得黄粉虫日夜不得安宁，使虫体受到侵害而日趋衰弱，食欲不振而陆续死亡

（3）防治方法

螨虫的防治关键是杜绝饲料带螨，防止病从口入。投喂黄粉虫的饲料，应该无杂虫、无霉变，在梅雨季节要密封贮存，米糠、麦麸、土杂粮面、粗玉米面等最好先暴晒消毒后再投喂。掺在饵料中的果皮、蔬菜、野菜湿度不能太大。还要及时清除虫粪、残食，保持食盘的清洁和干燥。如果发现饲料带螨，可移至太阳下晒5~10分钟（饲料平摊开）即可以杀灭螨虫。加工饲料应经日晒或膨化、消毒、灭菌处理，或对麦麸、米糠、豆饼等饲料炒、烫、蒸、煮熟后再投喂。投量要适当，不宜过多。若螨虫发生量较大，应对饲养房和器具进行杀螨虫处理。

2. 蚁害

在南方各地蚂蚁发生危害较为严重。蚂蚁很容易钻进饲养房和养殖箱中，把黄粉虫抬走或吃掉。蚁害一般在夏季多雨潮湿时易于发生。防治蚁害的常用方法有隔离法、驱避法、诱杀法、化学防治法等。

（1）隔离法

在饲养房周围修建水沟，或将饲养黄粉养殖架的4条腿各放入1个能盛水的容器内，再把容器加满清水。只要水沟、容器内保持一定的水面高度，蚂蚁就不会侵染黄粉虫。

（2）驱避法

可在养殖黄粉虫的缸、池、盆、盘等器具四周，均匀撒施生石灰2~3千克/米^2，并保持生石灰的环形宽度20~30厘米，蚂蚁触及生石灰后，体表会沾上生石灰而感到不适，使蚂蚁不敢去袭击黄粉虫。

（3）诱杀法

取硼砂 50 克、白糖 400 克、水 800 克，充分溶解后，分装在小器皿内，并放在蚂蚁经常出没的地方，蚂蚁闻到白糖味时，极喜欢前来吸吮白糖液，而导致中毒死亡。

（4）化学防治法

用慢性新蚁药"蟑蚁净"放置在蚂蚁出没的地方，蚂蚁把此药拖入巢穴，2~3 天后可把整窝蚂蚁全部杀死。

八、黄粉虫的贮存、运输与加工利用

（一）黄粉虫的贮存

黄粉虫规模化生产中，虫种、大量生产的商品黄粉虫、黄粉虫加工产品的贮存是必然遇到的问题。在黄粉虫生产量过大，一时不能得到全部利用时，可以将黄粉虫活体临界低温或冷冻贮存。在 −5℃以下的温度，黄粉虫停止发育，可以长期保存。黄粉虫冷冻贮存前，应将虫子清洗（或煮、烫）后加以包装，待凉至室温后入冰箱冷冻，在 −15℃以下温度可以保鲜 6 个月以上，冷冻的虫子仍可做饲料用（包装虫子可用塑料袋装，每包 500~1 000 克）。

在室温干燥的条件下，将黄粉虫加工成干虫和虫粉，保存时间可以达 2 年。但要经过熏蒸处理，防止仓储害虫的危害。商品黄粉虫的干燥方法较多，可根据实际情况选择合适的方法，如利用电烘箱烘干、微波炉或微波烘干机烘干、直接晾晒等途径。贮存干虫和虫粉时需注意以下问题：干虫或虫粉在贮存前要经过熏蒸处理，以保证贮存物内无有害生物；干虫、虫粉的贮存环境一定要低温干燥，避免在高温高湿条件下长期存放。采取必要的措施防止各类仓储类害虫的危害。

（二）黄粉虫的运输

黄粉虫的运输一般可以分为活体运输和加工原料虫体或虫粉运输。黄粉虫的活体运输根据虫态不同又可以分为静止虫态（卵、蛹）和活动虫态（幼虫、成虫，以幼虫为主）两种方式。一般仅限于短距离的运输。

黄粉虫幼虫可用袋装、桶装或箱装，黄粉虫密度与载量等根据容器大小、气候条件等确定。运输过程中要保持相互之间不要挤压、碰撞。需特别注意避免黄粉虫在运输过程中反复受到震动和惊扰，不断地活动，虫体之间相互挤压，这会使局部小环境温度增高，在夏季运输时虫间温度可达40℃以上，会导致大量虫体因高温而致死。因此，夏季运输时，需采取防暑降温措施，如在运输包装容器内掺入黄粉虫重量30%~50%的虫粪及10%~20%的饲料，与虫体搅拌均匀；虫粪可以起到隔离作用，减少虫体之间的接触，并能吸收部分热量，从而起到降温的作用。另外，在气温低于5℃时，应考虑如何加温的问题。

成虫爬行能力较强，个别个体还有飞行能力，运输时除在运输箱子或桶内加一些麸皮外，还应在箱子或桶上罩上纱网。整个运输过程避免挤压和湿水。

黄粉虫静止虫态的运输问题较少，但实践中一般不将蛹作为运输的对象。蛹很容易受伤和干死，一般运输时间在一两个小时尚可进行。运输卵（卵卡）最为方便与安全。只要保证卵（卵卡）不积压过度，基本不会出现造成损失的情况。远距离以邮寄卵卡为主要方式，也可以将卵同产卵麸糠和虫粪沙混合运输。

（三）黄粉虫喂养经济动物

世界鱼粉市场最近几年由于产量减少而消费量增加，价格不断上涨。黄粉虫是优质高蛋白饲料，其蛋白质含量高，氨基酸比例合理，脂肪质量和微量元素含量均优于鱼粉。实践证明，它不但可以完全替代鱼粉，而且在混合饲料中掺进适量的活体幼虫，喂养家禽、家畜、蟹、鳖、虾、鳗、黄鳝、蛙、鸟、观赏鱼等，生长速度明显加快，增产显著，效果最好。人工养殖黄粉虫可缓解蛋白质饲料短缺，降低饲养成本。在此需要强调，黄粉虫放进水中不到10分钟就会被淹死。所以，黄粉虫活体饲喂水生动物时要特别注意饲

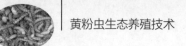

喂时间和饲喂量。在水中投放黄粉虫要选在动物饥饿时，投放量以短时间内能食完为度。

1. 饲喂笼养鸟

黄粉虫在鸟市作为笼养鸟的饲料被称为面包虫。在饲喂笼养鸟时，应用人工配合饲料的同时适量投喂黄粉虫，可增强其抗病力，而且可使其羽毛光亮，鸣叫声洪亮。

（1）画眉鸟

画眉鸟是雀形目画眉科的鸟类。全长约23厘米。全身大部棕褐色。头顶至上背具黑褐色的纵纹，眼圈白色并向后延伸成狭窄的眉纹，因此得名为画眉鸟。雄鸟在繁殖期常单独藏匿在杂草及树枝间极善鸣啭，声音十分洪亮，歌声悠扬婉转，非常动听，是有名的笼鸟。画眉鸟为杂食性鸟类，主要取食昆虫，特别在繁殖季节嗜食昆虫，兼食草籽、野果。它不仅是重要的农林益鸟，而且鸣声悠扬婉转，悦耳动听，又能仿效其他鸟类鸣叫，历来被民间饲养为笼养观赏鸟，被誉为"鹛类之王"驰名中外。因此，每年不仅被民间大量捕捉饲养观赏，而且大量出口国外。用黄粉虫饲喂画眉鸟，可以采取活虫、虫干、虫浆米三种方式饲喂。

①活虫。给画眉鸟饲喂黄粉虫时，可以用手拿着，也可用瓷罐装虫饲喂。用瓷罐饲喂时，瓷罐内壁要光滑，以防虫从中爬出，罐内不要有水和杂物。饲喂量一般为每只鸟每天喂8~16条为宜。年轻体质好、活动量大的鸟可适当多喂些，年老体弱的鸟应少喂一些。以活虫的黄粉虫喂画眉鸟时需注意，黄粉虫脂肪含量较高，若饲喂的黄粉虫过量，笼养的画眉鸟缺乏运动，会使鸟体内堆积过多脂肪，体重增加过多而患肥胖症，特别是成年画眉较易发胖。所以黄粉虫一般不宜作单一饲料喂画眉，应在饲喂其他饲料的同时加喂。

②虫干。取黄粉虫幼虫，除去虫粪、杂质和死虫，冲洗干净后放于沸水中3分钟，捞出装入纱布袋中，在脱水机（洗衣机的脱水桶即可）中脱水3分钟，然后放在纸上置于室外晾晒2~3天（也可在干燥箱中以65~80℃烘烧），待虫体完全干燥后，收藏待用。黄粉虫干可直接用于饲喂画眉，也可研成粉拌入配合饲料中饲喂。虫干饲喂画眉时要特别注意如果黄粉虫处理不卫生，虫体含水量超过80%容易变质或发霉，鸟食用后会患肠炎。虫干和虫粉均应以塑料袋封装冷冻保存。

③虫浆米。虫浆米由黄粉虫老熟幼虫30克、小米100克、花生粉（花生米炒熟后研成粉）15克组成。制作虫浆米时，将纯净的黄粉虫老熟幼虫放于细筛子中，用水冲洗干净，再用清水烧开后将虫子放入煮3分钟捞出。用家用电动粉碎机或绞肉机将虫子绞成虫浆。然后，将虫浆与小米放在容器中拌匀，放入笼中蒸15分钟，取出搓开，使呈松散状，平放在盘中，晾晒干后即可使用。

（2）百灵鸟

百灵鸟是草原的代表性鸟类，属于小型鸣禽。我国常见的种类有沙百灵、云雀、角百灵、小沙百灵、斑百灵、歌百灵和蒙古百灵等。百灵鸟既是"歌手"，又是"舞蹈家"。它的歌不光是单个的音节，而是把许多音节，串连成章。它在歌唱时，又常常张开翅膀，跳起各种舞蹈，仿佛蝴蝶在翩翩飞舞。百灵鸟不但以其美妙的歌喉，优美的舞姿，令人叹服的飞翔技巧美化了环境，也给人类生活增添了无穷的乐趣，更以其自身的存在维持着生态系统的平衡。在北方，它是人们饲养的一种名贵的笼养鸟。黄粉虫喂百灵鸟与喂养画眉基本相同，在喂黄粉虫的同时适量投喂小米、蔬菜及瓜果类。要喂活虫子，因虫子在死后数小时则会变质腐烂，腹部发黑变软直至有臭味。死虫子喂百灵鸟会引起肠炎，甚至死亡。

2. 饲喂小经济动物

（1）蝎子

蝎子是蛛形纲动物，蜘蛛亦同属蛛形纲。它们典型的特征包括瘦长的身体、螯、弯曲分段且带有毒刺的尾巴。我国有 10 余种，主要是东亚钳蝎，属于钳蝎科。蝎子是食虫性动物，养殖黄粉虫也是养蝎技术不可缺少的内容。黄粉虫是十分理想的蝎子饲料，只要养蝎场不是十分潮湿，投入的活黄粉虫仍可与蝎子共同生存好长时间，投喂鲜活的黄粉虫，运动中的黄粉虫易被蝎子发现和捕捉。活虫子也不会对蝎窝造成污染，黄粉虫还可取食蝎场内的杂物及蝎子粪便。喂蝎子以黄粉虫幼虫较合适，投喂量须根据蝎龄的大小及蝎子捕食的能力来确定。若给幼蝎喂较大的黄粉虫，幼蝎捕食能力弱，捕不到食物，会影响其生长，有时幼蝎还会被较大的黄粉虫咬伤。若给成年蝎子喂小虫子则会造成浪费，所以应依据蝎子的大小选投大小适宜的黄粉虫，一般幼蝎投喂 1~1.5 厘米长的黄粉虫幼虫较为合适。在选虫作蝎子饲料必要时应现场观察幼蝎捕食黄粉虫情况，确定是否需要投喂更小的一些虫子。在蝎子取食高峰期，投虫量应宁多勿缺。蝎子一般夜间出来捕食，要保证夜间有足够量的食物在蝎窝中，防止蝎群互相残杀。养蝎房同时养黄粉虫，可保证蝎子常能吃到新鲜虫子，还能降低养蝎成本。

（2）蟾蜍

蟾蜍，俗称癞蛤蟆，属于脊索动物门，两栖纲。其中中华大蟾蜍和黑眶蟾蜍身上提取的蟾酥及蟾衣是紧缺药材。蟾蜍捕食黄粉虫十分活跃，30 克重的蟾蜍每只可捕食黄粉虫 4 克左右。食用黄粉虫和其他昆虫的蟾蜍死亡率大大降低，蟾酥产量可提高 10% 以上。黄粉虫饲养容易，可保证蟾蜍饲料供给。

（3）鳖

鳖俗称甲鱼、水鱼、团鱼和王八等，卵生爬行动物，水陆两栖生活。鳖肉味鲜美、营养丰富，有清热养阴、平肝息风、软坚散结的功效。它不仅是餐桌上的美味佳肴，而且是一种用途很广的滋补药品和中药材料。中国现存主要有中华鳖、山瑞鳖、斑鳖、鼋，其中以中华鳖最为常见。中华鳖已被列入国家林业局 2000 年 8 月 1 日发布的《国家保护的有益的或者有重要经济、科学研究价值的陆生野生动物名录》。中华鳖对饲料的蛋白质含量要求较高，一般最佳饲料蛋白质含量在 40%~50%。黄粉虫蛋白质含量相当高，适合作鳖的饲料，且黄粉虫干粉中的必需氨基酸配比也适宜动物体吸收转化，鳖对饲料的脂肪及热量的需求也与黄粉虫的含量相当。以鲜活黄粉虫喂鳖，还可补充多种维生素、微量元素，并提高鳖的生活力和抗病能力。所以黄粉虫是人工养鳖较理想的饲料。

鳖在水中取食，因此以黄粉虫养鳖时要考虑到黄粉虫在水中的存活时间。活黄粉虫投入水中后，会在 10 分钟内窒息死亡，在 20℃以上水温 2 小时后开始腐败，虫体发黑变软，然后逐渐变臭。如果鳖继续取食腐烂的黄粉虫，就会引发疾病。所以，以黄粉虫喂鳖，投喂量鳖在 2 小时内吃完为宜。春、夏季水温在 25℃以上时，鳖食量较多，1 天可投喂 2~3 次，投虫时将虫子放在饲料台上，第二次投喂时要观察上一次投放的虫子是否已被吃尽，若未吃尽则不要继续投喂。秋、冬季水温在 16~20℃时鳖的食量较少，每天投喂 1 次黄粉虫即可。在人工加温条件饲养的鳖，水温在 25 ℃左右则采用"少吃多餐"的方式投喂，以保证虫体新鲜。

（4）喂其他经济动物

黄粉虫可用于饲喂数十种经济动物，食肉性、食虫性和杂食性的动物均可以食用黄粉虫。其饲喂方法大同小异，各场家可根据具体情况，在保证卫生的前提下，采用合适的饲喂方法。如黄粉虫也可作蛇的饲料，但黄粉虫更适合喂幼蛇。以黄粉虫喂成年蛇可与其他饲料配合成全价饲料，加工成适合蛇吞食的团状。投喂量要根据蛇的数量、大小及季节不同而区别对待，一般为每月投喂 3~5 次。再如用黄粉虫喂观赏、珍稀类的鱼种如热带鱼、金鱼等时，需要注意鱼类摄食方式多为吞食，投喂的黄粉虫虫体不可过大，否则鱼不能吞食，每次投虫量也不可过多，以免短时间内不能食完，出现虫子腐败现象。

黄粉虫饲料的开发利用除直接以活体、黄粉虫粉的方式利用外，还应积极探索黄粉虫作为载体饲料生物、饲料添加剂的利用新途径。所谓载体饲料生物是指某些饲料生物能将一些特定的物质或药物摄取后，再来饲养其他动物，当动物捕食到饲料生物时，那些特定的物质或药物也同时被消化吸收，从而促进了饲养动物的生长发育；或者防治了所饲养动物生活中极易发生的某些病害。这些可用来当作运载工具的生物即是载体饲料生物。据资料显示，国外已有色素载体虫、抗生素载体虫等成功实践经验。载体饲料生物通过生物转化的方式，具有高效、无毒害等优点，而且从环保角度讲，具有变废为宝的优点。相信载体饲料生物今后必将成为饲料生物的一个发展趋势。饲料添加剂是为提高饲料利用率，保证或改善饲料品质，促进饲养动物生产，保障饲养动物健康而掺入饲料中的少量或微量的营养性或非营养性物质。由于黄粉虫具有较高的营养价值及药用价值，含有丰富的氨基酸和微量元素及多种活性成分（如抗菌蛋白、凝集素、粪产碱菌及磷脂等），因而可开发成具有较高附加值的氨基酸类和中药类饲料添加剂。

3. 饲喂家禽

近年来，也有用黄粉虫饲喂雏鸡、鹌鹑、乌鸡、斗鸡、鸭、鹅等禽类的。在蛋鸡饲料中加入适量黄粉虫，可显著降低胆固醇、脂肪的含量，有效提高蛋白质、卵磷脂的含量，同时可丰富矿物质元素，使鸡蛋质量明显提高。在饲喂玉米、麦麸等饲料基础上，加喂10%左右的活体黄粉虫，可有效增强鸡体免疫力，提高蛋品质量，生产的"虫蛋"不含激素，无药物残留，具有补血、补气、祛病的功效，与普通鸡蛋相比，不仅味道鲜美，蛋黄柔软，色泽鲜艳，有特殊香味，而且富含人体必需的蛋氨酸、赖氨酸、色氨酸等多种氨基酸。在喂养鸡的饲料中加入黄粉虫等昆虫养殖肉鸡，不但可降低饲料成本，而且能显著增强鸡体免疫力，在不注射疫苗的情况下成活率98%以上。

（四）黄粉虫的粗加工

1. 干品（干虫）

黄粉虫干品具有便于保存和出口的优点，因此制成干品是今后黄粉虫加工的主要方向。

一般小规模饲养户在黄粉虫干品（干虫）制作时，用家用微波炉就能烘出符合出口标准的干品；大规模饲养时可用黄粉虫专用微波干燥设备。黄粉虫进入微波干燥设备后，立刻被微波杀死并迅速膨化，然后继续受微波作用而脱水，从而达到干燥与膨化的目的。经微波设备加工出来的黄粉虫具有干燥均匀、不变色、营养不被破坏的优点。黄粉虫干品成品含水量应 < 6%，金黄色、无杂质，手捏即碎。一级干品长度在33毫米以上，二级干品25~32毫米，三级干品20~24毫米。

随着黄粉虫产业的发展，黄粉虫养殖技术日渐被人们所掌握，走向成熟，但是黄粉虫制干过程也能影响产量，只有掌握好了制干的技巧，才能有效保证鲜虫和干虫的制干比例。由于遗传、营养、饲养环境的差异，同龄黄粉虫个体大小差异很大，有时 4 龄虫即能达到 25 毫米体长，而发育不好的 7 龄个体有时也不能达到这一长度。由于龄期的不同，体长相似的黄粉虫制干后，鲜虫与干虫比例相差悬殊。在 4~5 龄虫制干时，鲜虫和干虫的比例在 3.5∶1；6~7 龄虫制干时，鲜虫和干虫的比例在 3∶1。一般生产中制干应在 8~10龄，饲养达到或超过 60 天后才能达到 2.5 千克鲜虫制干 1 千克干虫的比例。生产中可通过辨别颜色来确定是否达到了制干年龄。黄粉虫随着年龄的生长，它的颜色由黑褐色变成棕红色再逐渐变成黄白色，也就是说到了 8~10 龄时它的颜色变成黄白色，这时达到了制干的年龄。现在黄粉虫的制干一般都是采用微波干燥，虽然微波是程序式的，但是如果电压的不稳定，火候掌握不好，也会出现制不干和过干、烧锅现象。一般电压在 220 伏时是 8 分钟，当电压不稳定时要注意掌握好时间，这样才能确保干虫的质量和产量。

2. 虫粉

黄粉虫虫粉分原粉和脱脂虫粉两种。

将鲜虫清理、去杂，洗净晾干后，放入锅内炒干或将鲜虫放入开水中煮死（1~2 分钟）捞出置通风处晒干，也可放烘干室烘干，然后用粉碎机粉碎即成黄粉虫原粉。生产黄粉虫原粉时，由于黄粉虫脂肪含量较高，直接粉碎有时易导致粉碎机筛箩的黏糊。

黄粉虫脱脂虫粉是指经过化学法或其他技术方法提取一定脂肪后的干燥、粉碎的虫粉。脱脂虫粉可以延长保存期，并提高蛋白质含量和质量。

3. 虫浆

把鲜黄粉虫直接磨成虫浆后，再将虫浆拌入饲料中使用，或把虫浆与饲料混合后晒干备用。

（五）黄粉虫做科学实验材料

20 世纪 70 年代，科技界有关人士就发现黄粉虫好饲养，饲料易得，可作教学、科研的实验材料。例如，在中小学生物学教学中，可通过观察黄粉虫的生长过程、繁殖过程来了解昆虫的生活史、生物学习性、外部形态和内部结构等。如节肢动物的解剖及对其循环系统和消化系统的观察等。在黄粉虫的饲料中加入微量染色剂，幼虫食用后染色剂可融于虫子体液中，可从幼虫背部看到黄粉虫血液的流动情况，从而了解节肢动物循环系统的结构及血液的循环过程。应用黄粉虫作为实验材料，不仅给人一个十分深刻的印象，而且可锻炼学生的动手能力和实验操作技能。

在新型农药的研制中，要进行对害虫的药效的试验研究，黄粉虫则是最常用的仓库害虫代表。由于虫源材料丰富，药效实验可做得详尽而可靠。

总之，黄粉虫应用于科研与教学方面尚有许多实例，这里不再一一列举。

（六）黄粉虫小食品的加工利用

1. 营养保健价值

黄粉虫体内含有蛋白质、脂肪和多糖等有机大分子营养物质，还富含磷、钾、铁、钠、铝等多种微量元素。黄粉虫幼虫的干粉蛋白质含量在 48%~54%，脂肪含量在 28%~41%。其他如维生素 E 和维生素 B_1、维生素 B_2 含量也较高，说明黄粉虫具有较高的营养成分。因其蛋白质含量高于一般常见昆虫，所以又称为高蛋白虫。另外黄粉虫还含有大量对人体有着特殊作用的几丁质、抗菌肽防御素和外源性凝集素。用黄粉虫粉做的食品（面包、蛋糕等）味道鲜，营养高；国外著名生物制品企业都用黄粉虫来制作营养保健品，有提高人体免疫力、抗疲劳、延缓衰老、降低血脂、抗癌等功效。

2. 传统食品加工

（1）油炸黄粉虫

黄粉虫的幼虫、蛹经过排杂处理、烫漂、沥干水分，再经过爆炒或油炸，加入调味料即可食用。营养丰富，风味独特。

（2）速冻黄粉虫

将黄粉虫洗净，经过排杂处理后整形、挑选，然后装入食品级塑料袋中封口，送到速冻车间速冻，产品可在 −18℃贮藏。

（3）黄粉虫罐头

选择体态完整的黄粉虫幼虫或蛹，经过清蒸、红烧、油炸、五香腌制等不同的调味工艺，制成风味各异的罐头，使其具有耐贮藏、营养丰富、口味独特、食用方便的特点。

（4）汉虾粉

黄粉虫经排杂处理，再经消毒、固化、烘干后磨成粉，称为汉虾粉。

（5）黄粉虫虫酱

选用鲜黄粉虫幼虫或蛹，经去杂处理，清除消化道及分泌物，然后清洗干净，在 75~80℃的温度下烘干，再加水研磨成酱状，同时可调配食用油、豆粉、芝麻、辣椒等辅料，配制成各种风味酱，也可将磨成的酱状料加入白砂糖等制成酥糖、月饼等各种点心的馅。

3. 新型食品加工

（1）黄粉虫滋补酒

选用老熟的黄粉虫幼虫或蛹，经清理去杂后，固化、烘干脱水，配以枸杞、红枣放入白酒中，浸泡 1~2 个月即成。这种酒颜色纯红，口味甘醇，具有安神、养心、健脾、通络活血等功效。

（2）黄粉虫调味品

将黄粉虫幼虫或蛹，经去杂脱水后进行灭菌干燥，再研磨成干粉。此粉营养全面，可添加到面包、糕点、饼干、糖果等各类食品中，增加蛋白质含量，提高其营养价值。选用新鲜黄粉虫幼虫或蛹，经过严格清理去杂，加水磨浆，然后加酶使蛋白质酶解成氨基酸，再经灭菌、过滤、调味调色等工序可制成黄粉虫酱油。黄粉虫酱油营养丰富，味道鲜美，富含氨基酸及钙、磷、铁、镁、锌等多种微量元素和维生素。此酱油既是优良的调味品，又具有营养保健功能。

（3）黄粉虫口服冲剂

将老熟的黄粉虫幼虫或蛹，经清理去杂、脱脂、脱色等处理，采用喷雾干燥等工艺制成乳白色粉状冲剂。其蛋白质、微量元素、维生素含量丰富，适合配制滋补强身饮料及各种冷饮食品。

（4）黄粉虫水解蛋白质和氨基酸

黄粉虫幼虫生长速度快，蛋白质含量高，含有极强的抗菌物质，因此是提取蛋白质和制备抗菌活性营养粉的理想原料。目前，已经开发出的抗菌活性营养粉和活性胶囊。黄粉虫的氨基酸组成比较合理，因此可用来制取水解蛋白和氨基酸。氨基酸可用来作药品，治疗一些由于氨基酸缺乏而引起的疾病，也可以加工成保健食品，或作食品强化剂，还可用于制造化妆品。

（七）黄粉虫虫粪的利用

随着黄粉虫养殖业的不断发展，在收获黄粉虫产品的同时，黄粉虫虫粪作为一种养殖废弃物也伴随黄粉虫养殖过程而产生。如单独用麦麸饲喂黄粉虫，一般每 100 千克麦麸可产生 20 千克以上的虫粪。如果把这些养殖废弃物作为资源进行综合利用和深度开发，不仅可以避免对生态环境的污染，还可以获得一定的经济收入，提高黄粉虫养殖的综合经济效益。

黄粉虫虫粪便极为干燥，几乎不含水分，没有任何异味，是世界上唯一的像细沙一样的粪便，所以又称为沙粪（也叫粪沙），极便于运输。经化验分析其中含粗蛋白 25%、磷 1.04%、钾 1.4%，并含锌、硼、锰、镁、铜 5 种微量元素。黄粉虫虫粪比较干燥，水分含量少，便于贮存和运输，且无臭味，是比较环保的有机肥。由于黄粉虫虫粪无任何异臭味和酸化腐败物产生，也就无蝇、蚊，因此，是城市居室养花的肥中上品。黄粉虫虫粪呈微小团粒结构，自然气孔较多，且粪粒表面涂有消化道分泌物形成的微膜，肥效比较持久，使用后还可以改善土壤团粒结构，改善农业生态环境，促进种植业的可持续发展。

黄粉虫粪便中含有较为丰富的养分（表 11），与小麦麸比较，黄粉虫虫粪的有机物含量减少，粗灰分含量增加，使得代谢能略有下降。但其粗蛋白含量明显增加，超过 20%，粗纤维含量增加显著，粗脂肪含量减少，矿物质中钙和磷的含量增加，这说明黄粉虫对其食入饲料的消化很不完全，产生的虫粪还含有较高的营养成分，完全可以作为畜禽的饲料来源。据测定，黄粉虫虫粪的重金属含量小于 1%，砷盐含量小于 1%，符合饲料原料的卫生标准。黄粉虫虫粪干燥，细碎，不需要进行烘干、发酵等复杂的加工，直接添加到饲料中即可利用。在动物日粮中加入10%~20%的黄粉虫虫粪，动物的长势和健康状况大大提高。如作为畜禽饲料添加剂，可明显提高动物的消化速率及降低饲料指数，还能保持它们的基础代谢相对稳定，使毛色光亮、润滑，病后体质恢复快，营养缺乏症大幅度下降，从而提高生长速度和繁殖率。黄粉虫虫粪用作特种水产动物的饲料添加剂和诱食剂，具有特殊的效应。同时，把黄粉虫虫粪配入水中，能缓解池水发臭，有效地控制疾病的发生。另外，还可以利用黄粉虫虫粪培育蚯蚓。

表11 黄粉虫虫粪养分组成

项目	水分/%	粗灰分/%	粗蛋白/%	粗脂肪/%	粗纤维/%	钙/%	磷/%	代谢能/（兆焦·千克⁻¹）
黄粉虫虫粪	13.35	9.75	23.92	1.17	16.30	0.45	1.62	6.30
小麦麸	12.52	5.23	15.51	4.02	8.96	0.13	1.15	6.80

（八）黄粉虫的深加工与开发

1. 蛋白质资源的利用

黄粉虫蛋白质中所含必需氨基酸的种类多，含量高，蛋白质营养价值高，且必需氨基酸数量相互之间的比例适宜，与人体的需要相符合，所以说黄粉虫蛋白质是优质蛋白质。

（1）黄粉虫蛋白质的提取与利用

黄粉虫蛋白质的提取方法一般可分为碱法、盐法和酶法等3种。

①碱法提取黄粉虫蛋白质。将黄粉虫虫浆或虫粉，按一定比例加入氢氧化钠溶液，在一定温度条件下，处理一定时间后，离心去

除虫渣。用 10% 盐酸调节 pH 到 4.5 左右，可见明显的沉淀析出。再经高速离心机离心 4 分钟后得到粗的含盐蛋白质。最后将含盐蛋白质经透析得到去盐蛋白质。

②盐法提取黄粉虫蛋白质。将黄粉虫虫浆或虫粉，按一定比例加入氯化钠溶液，在一定温度条件下，处理一定时间后，离心去除虫渣。用 10% 盐酸调节 pH 到 4.5 左右，可见明显的沉淀析出。再经高速离心机离心 4 分钟后得到粗的含盐蛋白质。最后将含盐蛋白质经透析得到去盐蛋白质。

③酶法提取黄粉虫蛋白质。将黄粉虫虫浆或虫粉，按一定比例加入胰蛋白酶和蒸馏水，在高速离心机下匀浆 3 分钟。用 1% 氢氧化钠溶液调节 pH 至 7，经过一定的时间和温度进行酶解。然后升温至 70℃ 杀酶 30 分钟，置冰箱中冷藏过夜。最后将虫渣过滤，在 80℃ 下烘干，得到粗蛋白。

（2）黄粉虫蛋白粉的制作

将黄粉虫幼虫或蛹，经清理去杂、灭菌、烘干、粉碎，采用加盐或加碱法使虫体蛋白质充分溶解，然后可用等电点法、盐析法或透析法等方法，使蛋白质凝聚沉淀，再把沉淀物烘干，即得黄粉虫蛋白质。

2. 抗菌肽的开发利用

抗菌肽是各种生物防御系统的一个组成部分，是由于微生物等因素侵染动物机体而产生的免疫应答反应产物，具有分子量低、热稳定、强碱性和广谱抗菌等特点。抗菌肽具有独特的抗菌机制，能在细菌质膜上形成离子通道，破坏膜的渗透势，引起胞内物质泄露，从而杀灭细菌。抗菌肽对细菌、病毒、念珠菌、原虫、癌细胞具有广谱的活性。迄今至少 3 目 8 科 14 种昆虫证明能诱导产生抗菌肽或类抗菌肽，其中以天蚕、柞蚕、家蚕和麻蝇的抗菌肽研究尤为深入。到目前为止，在昆虫中已发现了大量的抗细菌肽、抗真菌肽，以及既抗真菌又抗细菌的抗菌肽。

正常情况下，黄粉虫体内没有抗菌肽存在，但在其虫体受到物理、化学刺激或病原微生物侵害时则可产生抗菌肽。诱导黄粉虫体内产生抗菌肽的方法很多，一般以幼虫阶段诱导更为方便。可采用紫外光照射法、体内注射菌源法等。通过诱导黄粉虫产生抗菌肽，可进一步分析确定其结构，通过分子生物学手段，开发医用或农用新药物。

3. 脂肪资源的利用

黄粉虫脂肪是优质的油脂资源，富含不饱和脂肪酸，主要是人体必需脂肪酸（亚油酸）和软脂酸，而增高血胆固醇的肉豆蔻酸含量较低，脂溶性维生素含量高。这都说明它是一种对动物，特别是对人类有益的脂肪。黄粉虫脂肪经加工纯化后可以直接食用，是一种具有特殊开发价值的较理想的食用脂肪。另外，黄粉虫脂肪还具有药理活性，可用于医药开发领域。

黄粉虫体内脂肪的提取一般采用有机溶剂萃取法，即将黄粉虫干虫或虫粉，按一定比例加入石油醚，在一定温度条件下，反复浸提处理，再将浸提液进行蒸馏分离，回收石油醚并获得黄粉虫粗虫油，进一步纯化得到精致虫油。提取黄粉虫脂肪时应注意，黄粉虫的初龄幼虫和中龄幼虫生长较快，新陈代谢旺盛，体内脂肪含量低，蛋白质含量较高。老熟幼虫和蛹体内脂肪含量较高，蛋白质含量相应较低。

4. 几丁质资源的利用

几丁质是一种含氮多糖的高分子聚合物，是许多低等动物，特别是节肢动物（如昆虫、虾、蟹等）外壳的重要成分，也存在于低等植物（如真菌、藻类）的细胞中。其学名为（1-4）-2-乙酰

胺 –2– 脱氧 –D 葡聚糖。

几丁质脱去分子中的乙酰基就转变为壳聚糖，因其溶解性大为改善，常称之为可溶性几丁质。自然界每年合成的几丁质估计有数十亿吨之多，是一种十分丰富的仅次于纤维素的自然资源。成品几丁质是白色或灰白色，半透明片状固体，不溶于水、稀酸、稀碱和有机溶剂，可溶于浓无机酸，但同时主链发生降解。壳聚糖是白色或灰色，略有珍珠光泽，半透明片状固体，不溶于水和碱溶液，可溶于大多数稀酸，如盐酸、醋酸、苯甲酸、环烷酸等。

由于几丁质资源丰富，制备较易以及其氨基多糖的特性，它比纤维素有更广泛的用途。在医学上几丁质及其衍生物具有许多医学功能和治疗作用，有的具有抗凝血性能，有的有抗肿瘤效果。用几丁质可制作手术缝合线，具有柔软、机械强度高、易被机体吸收、免于拆线的特点。在食品工业中，壳聚糖作为无毒性的絮凝剂，处理加工废水，壳聚糖还可作为保健食品的添加剂、增稠剂、食品包装薄膜等。在纺织印染行业中，壳聚糖用来处理棉毛织物，改善其耐折皱性。在造纸上，壳聚糖作为纸张的施胶剂或增强助剂，提高印刷质量，改善机械性能，提高纸张的耐水性和电绝缘性能。此外，壳聚糖还可用来提取微量金属，作固定化酶的载体，制作膜，作固发、染发香波的添加物以及果蔬的保鲜剂等。

（1）黄粉虫几丁质的制备

黄粉虫成虫的骨骼、鞘翅，幼虫的表皮，蛹壳都是由几丁质构成的。将黄粉虫除去蛋白、脂肪后制取几丁质。其工艺流程为：虫体酸浸→碱浸 →脱色 → 还原 →干燥→提取几丁质。

（2）用黄粉虫几丁质制备壳聚糖

几丁质制备壳聚糖的主要方法有化学法、物理法和酶法。首先要照上述工艺流程提取几丁质，再将几丁质进一步脱乙酰基得到可溶性的几丁质，即壳聚糖。

参 考 文 献

彩万志，庞雄飞，2004．普通昆虫学［M］．北京：中国农业大学
　出版社．

陈彤，陈重光，2009．黄粉虫养殖与利用［M］．修订版．北京：
　金盾出版社．

高妍，2011．黄粉虫粪营养成分的测定与分析［J］．黑龙江畜牧兽
　医，（3）：100．

黄正团，潘红平，2011．黄粉虫高效养殖技术一本通［M］．北
　京：化学工业出版社．

李顺才，2011．蟾蜍养殖新技术［M］．武汉：湖北科学技术出
　版社．

刘玉升，2008．黄粉虫生产与综合利用技术［M］．北京：中国农
　业出版社．

马仁华，曾秀云，2007．黄粉虫养殖与开发利用［M］．北京：中
　国农业出版社．

孙儒泳，李庆芬，2002．基础生态学［M］．北京：高等教育出
　版社．

原国辉，李为争，2011．黄粉虫养殖技术［M］．郑州：河南科学
　技术出版社．